职业教育课程改革系列教材

Photoshop CS5 案例教程

崔建成　周　新　编著

电子工业出版社

Publishing House of Electronics Industry

北京·BEIJING

内 容 简 介

本书的编写从满足经济发展对高素质劳动者和技能型人才的需要出发，在课程结构、教学内容、教学方法等方面进行了新的探索与改革创新，以利于学生更好地掌握本课程的内容，利于学生理论知识的掌握和实际操作技能的提高。

本书以任务引领教学内容，通过精彩、丰富的任务案例介绍了 Photoshop CS5 软件的图案设计、字体设计、标志设计、招贴广告设计、贺卡设计、数码图像合成设计、装帧设计、网页设计、包装设计等内容。本书内容丰富，图文并茂，突出知识的系统性和连贯性，由浅入深，紧密结合实践，操作性强，既可提高读者对相关行业的理论水平，又可提高读者的应用操作技能。

本书可作为中、高等院校平面设计专业、数字媒体艺术专业、动漫设计专业及其相关专业师生教学、自学参考用书。

图书在版编目（CIP）数据

Photoshop CS5 案例教程 / 崔建成，周新编著. —北京：电子工业出版社，2012.5
职业教育课程改革系列教材
ISBN 978-7-121-15600-7

Ⅰ. ①P… Ⅱ. ①崔… ②周… Ⅲ. ①图像处理软件，Photoshop CS5－中等专业学校－教材
Ⅳ. ①TP391.41

中国版本图书馆 CIP 数据核字（2011）第 272822 号

策划编辑：关雅莉
责任编辑：杨　波
印　　刷：北京虎彩文化传播有限公司
装　　订：北京虎彩文化传播有限公司
出版发行：电子工业出版社
　　　　　北京市海淀区万寿路 173 信箱　邮编　100036
开　　本：787×1 092　1/16　印张：18　字数：460.8 千字
版　　次：2012 年 5 月第 1 版
印　　次：2025 年 2 月第 12 次印刷
定　　价：48.00 元

凡所购买电子工业出版社图书有缺损问题，请向购买书店调换。若书店售缺，请与本社发行部联系，联系及邮购电话：(010) 88254888，88258888。

质量投诉请发邮件至 zlts@phei.com.cn，盗版侵权举报请发邮件至 dbqq@phei.com.cn。

本书咨询联系方式：(010) 88254617，luomn@phei.com.cn。

前 言

为适应职业院校技能型紧缺人才培养的需要，根据职业教育计算机课程改革的要求，从计算机平面设计技能培训的实际出发，结合当前平面设计和图像处理的最新版软件Photoshop CS5，组织编写了本书。本书的编写从满足经济发展对高素质劳动者和技能型人才的需要出发，在课程结构、教学内容、教学方法等方面进行了新的探索与改革创新，以利于学生更好地掌握本课程的内容，利于学生理论知识的掌握和实际操作技能的提高。

本书按照"以服务为宗旨，以就业为导向"的职业教育办学指导思想，采用"行动导向，案例操作"的方法，以案例操作引领知识的学习，通过大量精彩实用的案例的具体操作，对相关知识点进行巩固练习，通过"案例分析"、"实例解析"和"制作步骤"，引导学生在"学中做"、"做中学"，把枯燥的基础知识贯穿在每一个案例中，从具体的案例操作实践中对相关知识进行巩固和练习，从而培养学生自己的应用能力，并通过"知识卡片"、"常用小技巧"、"相关知识链接"等内容的延伸，进一步开拓学生的视野。

本书的典型案例均来自于具体工程案例和日常生活，不仅符合职业学校学生的理解能力和接受程度，同时能使学生更早地接触实际工程的工作流程和操作要求，很好地培养学生参与实际工程项目设计的能力。

本书针对当前火爆的平面设计行业，从实用角度出发，通过丰富、精美的平面设计案例，详细讲解了 Photoshop CS5 在平面设计行业中的应用方法和操作技巧。

本书共分 10 章，各章主要内容如下：

第 1 章详细讲解了 Photoshop CS5 中文版的基本操作，包括浮动面板的显示与隐藏、新建文件、图像存储、图像缩放、屏幕显示模式等内容。

第 2 章通过锦鲤图案设计、花卉图案设计两个实例，详细讲解了画笔工具组、画笔面板、橡皮檫工具组、渐变工具组等内容。

第 3 章通过@字体设计、玻璃字效果制作两个实例，详细讲解了文本工具、图层等内容。

第 4 章通过金属效果标志的实例，详细讲解了选框工具组、套索工具组、魔棒工具组、色彩范围等内容。

第 5 章通过手表的招贴广告的实例，详细讲解了钢笔路径工具、栅格化形状、文字轮廓与路径的转换、文字适配路径等内容。

第 6 章通过 2011 兔年贺卡的实例，详细讲解了填充工具、矩形选框工具、变形组合命令、滤镜命令、图像变换、定义的相关内容。

第 7 章通过影像合成的 3 个实例，详细讲解了动作、通道、蒙版、图层透明度的调整、图层模式等内容。

第 8 章通过画册装帧设计的实例，详细讲解了修复工具组、图章工具组、历史记录工具组、修饰工具组、明暗工具组等内容。

第 9 章通过网页设计的实例，详细讲解了图像调节技术、图像清晰度调节、网格、填充、变换、海洋波纹滤镜、木板效果滤镜等内容。

第 10 章通过光盘包装设计实例，详细讲解了图层蒙版工具、图层混合模式、图层样式、多重滤镜、曲线调整等内容。

本书针对计算机平面设计相关岗位的案例操作全面、实用性强、既可提高学生的艺术鉴赏能力和创作能力，又可提高学生的应用操作技能。本书由崔建成、周新编著，李辉、李军主审。由于编者水平有限，加之时间仓促，本书不足之处在所难免，欢迎广大读者批评指正。

为了提高学习效率和教学效果，方便教师教学，本书还配有教学指南、电子教案、案例素材及案例结果文件。请有此需要的读者登录华信教育资源网（http://www.hxedu.com.cn）免费注册后进行下载，有问题时请在网站留言板留言或与电子工业出版社联系（E-mail: hxedu@phei.com.cn）。

编 者
2011 年 12 月

目　录

第 1 章

Photoshop CS5 中文版操作基础

本章描述了在安装完 Photoshop CS5 之后用户使用它所需掌握的基本操作：打开、命名、存储和关闭文件等。同时本章还对 Photoshop CS5 的界面进行了介绍，以便用户能更快地熟悉属性栏、浮动面板、工具箱等对象。

1.1 浏览界面

打开 Photoshop CS5 后进入如图 1-1 所示的 Photoshop 默认的工作区，可以使用各种元素（如面板、栏及窗口）来创建和处理文档、文件。这些元素的任何排列方式被称为工作区。首次启动 Adobe Creative Suite 组件时，会看到默认工作区，可以针对所执行的任务对其进行自定义。有时为了获得较大的显示图像空间，可按 Tab 键将工具箱、属性栏和控制面板同时隐藏（再次按 Tab 键可将它们重新显示出来）。

1. 标题栏

标题栏显示该应用程序的名称（Adobe Photoshop）以及一些快捷方式按钮和基本功能选项，便于用户使用。其右上角的 3 个按钮从左到右依次为最小化、最大化和关闭按钮，分别用于缩小、放大、关闭应用程序窗口。

2. Photoshop CS5 桌面

Photoshop CS5 桌面显示工具调板、浮动面板和图像窗口，还可以用鼠标左键双击该桌面打开图像文件。

3. 工具栏

"工具"栏显示在屏幕左侧。"工具"栏中的某些工具会在上下文相关选项栏中提供一些选项。通过这些工具，可以使用文字、选择、绘画、绘制、取样、编辑、移动、注释和查看图像。其他工具可更改前景色/背景色，转到 Adobe Online，以及在不同的模式中工作。

可以展开某些工具以查看它们后面的隐藏工具。工具图标右下角的小三角形标记表示存在隐藏工具。将指针放在任何工具上，查看有关该工具的信息，工具的名称将出现在鼠标指针下面的工具提示信息中。某些工具提示信息包含指向有关该工具的附加信息的链接，如图 1-2 所示。

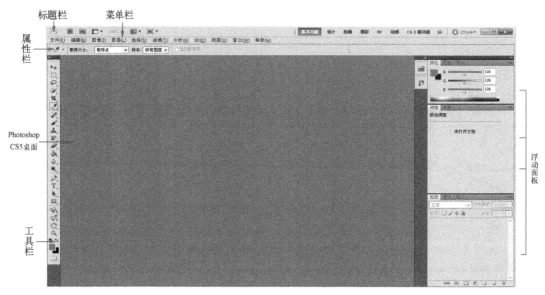

图 1-1　默认工作区

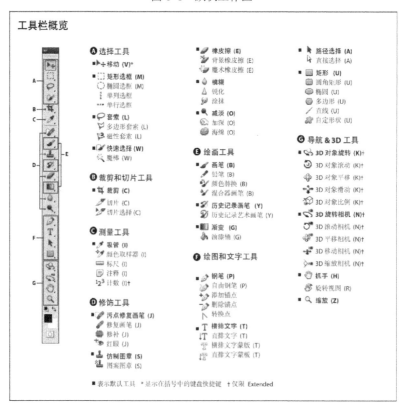

图 1-2　工具栏

4．浮动面板

在 Photoshop CS5 中包括许多浮动面板：图层面板、通道面板、色板面板、样式面板、路径面板、动作面板等一些常用的与非常用的面板，都可以通过选择"窗口"菜单独立列出。

窗口右侧的小窗口称为浮动面板或控制面板，主要用于配合图像编辑和 Photoshop 的功能设置。

5．菜单栏

菜单栏提供了"文件"、"编辑"等 11 个菜单选项，在其下拉菜单中选择某一个菜单命令即可执行相应操作。

6．属性栏

属性栏是 Photoshop CS5 中重要的参数设置项目。工具箱的每一个工具都一一对应着不同的属性栏，合理设置其中的参数是熟练掌握 Photoshop CS5 的必要条件。

1.2　Photoshop CS5 基本操作

1.2.1　浮动面板的显示与隐藏

在正式使用 Photoshop CS5 软件时首先应打开相应的选项。

单击"窗口"菜单命令，在其弹出的下拉菜单中包含 Photoshop CS5 的所有浮动面板的名称，如图 1-3 所示。其中左侧带有"√"符号的命令表示该浮动面板已经在工作区中，如工具面板、字符面板、选项面板、颜色面板等。选取带有"√"符号的命令可以隐藏相应的浮动面板。左侧不带有"√"符号的命令表示该浮动面板未在工作区中，如路径面板、色板面板、通道面板等，选取不带有"√"符号的命令可以使其在工作区中，同时该命令左侧将显示"√"符号。

浮动面板显示在工作区之后，每一组浮动面板都有两个以上的选项卡。例如，"颜色"面板上包括"颜色"、"色板"和"样式"3 个选项卡，分别单击则可以显示各自的浮动面板，这样可以快速地选择和应用需要的浮动面板。反复按 Shift+Tab 组合键，可以将工作区中的浮动面板在显示与隐藏状态之间切换。

1.2.2　新建文件

单击菜单"文件"→"新建"命令，弹出对话框如图 1-4 所示。

1．名称

图 1-3　"窗口"下拉菜单

首先应该正确地设置文件名称，这样便于对文件进行管理与分配。

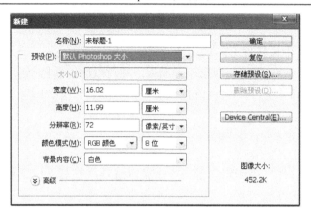

图 1-4 "新建"对话框

2．预设

一般情况下选择"默认 Photoshop 大小"。但通常用户会自己对"自定义"选项进行设置，根据需要设置"宽度"、"高度"的尺寸。但在确定二者尺寸时，首先要确定单位，即单击右侧的单位选项，选择单位，单位包括"像素"、"英寸"、"厘米"和"毫米"等。

3．分辨率

用于设置新建文件的分辨率，其单位有"像素/英寸"和"像素/厘米"。分辨率的大小决定文件的质量。建议初学者将分辨率设置为 72 像素/英寸即可。

4．颜色模式

在颜色模式选项中包括多种形式的选项，在此仅简单介绍常用的几种形式。

（1）RGB 来源于光学的三原色：红（R）、绿（G）、蓝（B）。每一种颜色都包含着 255 种颜色，它的色彩原理是相加的。

RGB 模式是一种色光表色模式。它广泛用于我们的生活中，如电视、计算机显示器上图像显示，都是 RGB 颜色模式。印刷时的图像扫描，扫描仪在扫描时首先提取的就是原稿图像的 RGB 色光信息。如果图像的用途是用于电视、计算机显示、网页、多媒体光盘等一般均采用 RGB 颜色模式。

（2）CMYK，青（C）、洋红（M）、黄（Y）、黑（K）是四色印刷作业中所使用的 4 种油墨颜色，每一种颜色都包含着 100 种颜色，它的色彩原理是相减的。

CMYK 模式实质指的是再现颜色时印刷的 C、M、Y、K 网点大小，其与印刷用的 4 个色版是对应的，CMYK 色彩空间对应着印刷的四色油墨。对计算机设计人员来说，CMYK 色彩模式是最熟悉不过的，因为在进行印刷品的设计时，有一道必做工序就是将其他色彩模式的图像转换成 CMYK 模式。如果图像的颜色模式未从 RGB 模式转换成 CMYK 模式，就会导致彩色图像被印成黑白图像的错误。

（3）Gray 模式为灰度模式，它使用 256 级的灰度来表示白—灰—黑的层次变化，0 代表黑色，255 代表白色。Gray 模式没有其他颜色信息，只有亮度信息，即只有颜色的明暗变化。

在 Photoshop 软件中，图像从 RGB 或 CMYK 模式转换成 Gray 模式，就丢失了图像的颜色信息，只剩下图像颜色间明暗的变化（系统会给出提示）。如再从 Gray 模式模式转换成

RGB 或 CMYK 模式，图像将无法恢复成彩色图像。

（4）Bitmap 模式即黑白色彩模式。用二值（非黑即白）代表颜色，这种模式在计算机中只有 1bit（位）的深度，主要用于表示黑白文字及线条。

（5）Lab 是人视觉的颜色空间，它依照视觉唯一的原则，即在色空间内相同的移动量在眼睛看来造成色彩的改变感觉是一样的。Lab 空间是与设备无关的色空间，能产生与各种设备匹配的颜色，如显示器、印刷机、打印机等的颜色，并能作为中间色实现各种设备间的颜色转换。L 表示亮度，a 表示色调从红到绿的变化，b 表示色调从黄到蓝的变化。L 定为正值；a 为正值，表示的颜色为红色，a 为负值，表示颜色为绿色；b 为正值，表示颜色为黄色，b 为负值，表示颜色为蓝色。计算机中 L 值的范围为 0~100，a 值的范围是 -128~+127，b 值的范围是 -128~+127。

1.3 图像存储

一幅优秀的作品创作完成后或在创作过程中，需要将其保存，便于以后的加工或修改工作。如何正确的存储文件，是每个设计者必须掌握的操作。否则，将会影响自己的设计作品质量，甚至于给企业带来损失。

平面设计软件种类繁多，不同的软件既有通用的文件格式，也有自己独特的文件格式，但归纳起来主要有 3 类：位图图像格式、矢量图形格式、排版软件格式。下面就平面设计中常用的文件格式做详细介绍。

1.3.1 位图图像格式

单击菜单"文件"→"存储为"命令，弹出对话框如图 1-5 所示，包含许多文件格式，下面介绍常用的几种格式。

1．TIFF 格式

TIFF 格式是桌面出版系统中最常用、最重要的文件格式，同时也是通用性最强的位图图像格式，MAC 和 PC 系统的设计类软件都支持 TIFF 格式。在印刷品设计制作要求中，图像文件如果没有特殊要求，绝大多数都要求存储为 TIFF 格式。

在 Photoshop CS5 中存储 TIFF 格式时，系统会提示是否对存储的图像进行压缩。用于印刷图像，则选择无压缩或选 LZW 压缩。LZW 压缩方式能有效地降低图像的文件容量，而且对图像信息没有损失，还可以直接输入到其他软件中进行排版。选择 TIFF 格式时，其选项如图 1-6 所示。

TIFF 格式是跨平台的通用图像格式，不同平台的软件均可对来自另一个设计平台的 TIFF 文件进行编辑操作。如 PC 平台的 Photoshop CS 就可以直接打开 MAC 平台的 TIFF 文件进行编辑处理。

2．JPEG 格式

JPEG 是一种图像压缩文件格式，也是目前应用最广泛的图像格式之一。JPEG 格式在存储过程中有多种压缩比供选择，当选择 JPEG 格式时，其选项如图 1-7 所示。

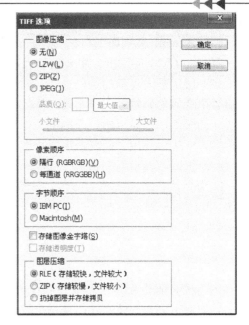

图 1-5 "存储为"对话框 　　　　　　　图 1-6 "TIFF 选项"对话框

　　JPEG 格式是一种有损压缩格式，但当压缩比太大时，文件质量损失较大，如细节处理模糊，颜色发生变化等。JPEG 格式的文件一般不用来做印刷，很多排版软件也不支持 JPEG 文件的分色。但 JPEG 格式的文件在网页制作方面被广泛应用。

3. PSD（PDD）格式

　　PSD（PDD）格式是 Photoshop 软件独有的文件格式，只有 Photoshop 软件才能打开使用（也可以跨平台使用）。其特点是可以包含图像的图层、通道、路径等信息，支持各种色彩模式和位深。缺点是文件量较大，不支持压缩。当选择 PSD（PDD）格式时，其选项如图 1-8 所示。

图 1-7 "JPEG 选项"对话框 　　　　　图 1-8 PSD（PDD）"存储为"对话框

4．EPS 格式

EPS 格式也是桌面出版过程中常用的文件格式之一。它比 TIFF 文件格式应用更广泛。TIFF 格式是单纯的图像格式，而 EPS 格式也可用于文字和矢量图形的编码。最重要的是 EPS 格式可包含挂网信息和色调传递曲线的调整信息。但在实际操作过程中，一般不采用在图像软件中进行加网的操作。FreeHand、Illustrator 等图形软件可直接输出 EPS 格式文件，置入到其他软件进行排版，如置入到 PageMaker 软件中。Photoshop 可直接打开由图形软件输出的 EPS 文件，在打开时可根据设计需要重新设定图像的尺寸和分辨率。

此功能特别有效，尤其是有些只能在图形软件中完成的效果，如文字绕曲线排列等，便可通过此方式调入到 Photoshop 进行编辑。此外 EPS 文件的一个重要功能是包含路径信息，该功能可为图像去底，这是设计师经常会用到的功能，应熟练掌握。

5．GIF 格式

GIF 格式是主要用于互联网上的一种图像文件格式。GIF 通过 LZW 压缩，只有 8 位，表达 256 级色彩，在网页设计中具有文件容量小，显示速度快等特点。但只支持 RGB 和 Index Color 色彩模式，不用于印刷品的制作中。

6．BMP 格式

BMP 格式是 PC 计算机 DOS 和 Windows 系统的标准文件格式。一般只用于屏幕显示，不用于印刷设计。

7．PICT 格式

PICT 格式为分辨率 72 dpi 的图像文件，一般用于屏幕显示或视频影像。

8．PDF 格式

PDF 格式是一种在 PostScript 的基础上发展而来的一种文件格式，它最大的优点是能独立于各软件、硬件及操作系统之上，便于用户交换文件与浏览。PDF 文件可包含矢量图形、点阵图像和文本，并且可以进行链接和超文本链接。PDF 文件能通过 Acrobat Reader 软件阅读。PDF 文件在桌面出版中，是跨平台交换文件最好的格式，可有效地解决跨平台交换文件时出现的字体不对应问题。目前桌面出版方面的应用软件都可存储或输出 PDF 格式的文件。PDF 文件格式是未来印刷品设计制作过程中应用最普遍的文件格式。

1.3.2　矢量图形文件格式

矢量图形文件格式主要有 FreeHand 软件存储的*.FH（软件版本号），Illustrator 软件存储的*.AI 文件格式，CorelDraw 软件存储的*.cdr 文件格式等。FreeHand、Illustrator、CorelDraw 软件是目前平面设计领域的 3 个主流的矢量设计软件，90％以上的平面设计师用上述 3 个软件从事着设计工作。这 3 种矢量格式都有相同的特点，只不过因软件不同，文件格式名称不同而已。

1.3.3　排版软件格式

目前在平面设计领域应用的排版软件主要有 PagerMaker、QuarkXpress 和 InDesign。文件格式主要有 PagerMaker、QuarkXpress 和 InDesign 软件自身的文件格式。

1.4　图像的缩放

缩放工具可以将图像成比例地放大或缩小显示，方便细致地观察或处理图像的局部细节。激活该工具，其属性栏如图 1-9 所示，其中各项功能说明如下。

图 1-9　缩放工具属性栏

"放大"按钮：激活此按钮，在图像窗口中单击，可以将图像窗口中的画面放大显示，最高放大级别为 1600%。

"缩小"按钮：激活此按钮，在图像窗口中单击，可以将图像窗口中的画面缩小显示。

"调整窗口大小以满屏显示"：勾选此选项，则放大或缩小显示图像时，系统将自动调整图像窗口的大小，从而使图像窗口与缩放后图像的显示相匹配；如果不勾选此选项，则放大或缩小显示图像时，只改变图像的显示大小，而不改变窗口大小。

"缩放所有窗口"：当工作区中打开了多个图像窗口时，选择此选项，缩放操作可以影响到工作区中所有图像窗口，即同时放大或缩小所有的文件。

"实际像素"按钮：单击此按钮，可以使图像以实际像素显示，即 100%显示效果。

"适合屏幕"按钮：单击此按钮，可以使图像适配至屏幕显示，即满屏显示效果。

"填充屏幕"按钮：单击此按钮，可以使图像缩放以适合屏幕。

"打印尺寸"按钮：单击此按钮，可以将图像以实际打印效果显示。

1.5　屏幕显示模式

在 Photoshop CS5 中提供了 3 种显示模式，如图 1-10 所示。单击菜单栏的右侧按钮将弹出这 3 种显示模式：标准屏幕模式、带有菜单栏的全屏模式和全屏模式。按 F 键可以在各种模式之间快速切换。在带有菜单栏的全屏模式和全屏模式下，按"Shift+F"键可以切换是否显示菜单栏。

图 1-10　显示模式

"标准屏幕模式"：系统默认的屏幕显示模式，即图像文件打开时的显示模式。

"带有菜单栏的全屏模式"：单击此按钮可以切换到带有菜单栏的全屏模式，此时工作界面中的标题栏、状态栏以及除当前图像文件之外的其他图像窗口将全部隐藏，并且当前图像文件在工作区中居中显示。

"全屏模式"：单击此按钮，可以切换到全屏模式，此时工作界面在隐藏标题栏、状态栏以及其他图像窗口的基础上，连菜单栏也一起隐藏。

第2章

图案设计——绘图工具的应用

图案就是图形的方案

一般情况下，我们把经过艺术处理的图形表现称之为图案。这里面又包括装饰设计、几何纹样、视觉艺术等方面。上海辞书出版社出版的《辞海》在艺术分册中对图案的解释是"广义指对某种器物的造型结构、色彩、纹饰进行工艺处理而事先设计的施工方案，制成图样，通称图案，狭义则指器物上的装饰纹样和色彩而言"。

在网络中我们习惯把矢量图形的设计称为图案。图案在表现形式上有抽象和具象之分，按照内容的不同又可以分为花卉图案、人物图案、风景图案，动物图案等等。其实图案是一种深入到人们生活中的艺术形式，它将生活中的艺术元素经过加工和升华后表现出来，进而装点人们的生活。

2.1 图案案例分析

1. 创意定位

现在的社会生活中，互送锦鲤成为一种新的风尚，大到开业庆典，小到亲戚往来，锦鲤都成为观赏和招财的好兆头。整洁别致的厅堂内放置几尾色彩艳丽的锦鲤于器皿内，可给室内增加灵动华贵之气。其实早在古代，锦鲤就被中国人视为吉祥之物，通常被放置于寺院、庙舍的池塘中，更取有"年年有余"的美称。

中国过年也有贴年画的习俗，我们不妨设计一幅卡通的锦鲤图案年画。带给新的一年不一样的感觉，如图 2-1 所示。

图 2-1　锦鲤图案

2. 所用知识点

本设计主要用到了 Photoshop CS5 软件中的画笔工具、渐变工具、油漆桶工具和选择工具命令。

3．制作分析

● 使用画笔工具画出鱼的具体轮廓。
● 利用填充工具填充色彩。
● 利用画笔工具进行细节美化，利用渐变工具进行修改。

2.2　知 识 卡 片

绘画工具最主要的功能就是绘制各种各样的图形和图像。它包括画笔工具组、橡皮擦工具组和渐变工具组。画笔工具组中的工具主要用于绘制图形；橡皮擦工具组中的工具主要用于擦除图像；渐变工具组中的工具主要用于为画面填充单色、渐变色和图案。灵活运用绘画工具，可绘制出非常逼真的画面效果。

2.2.1　画笔工具组

Photoshop 中的画笔工具组是常用的绘画工具，包括画笔工具 、铅笔工具 、颜色替换工具 和混合器画笔工具 。在该节中将详细讲解各工具的用法及其相关内容。

1．画笔工具

画笔工具 与人们通常所说的毛笔的用法类似，主要用来绘制线条或图案。使用时，首先选择一个合适的画笔笔尖，然后设置好需要的前景色颜色，再在文档窗口中单击或按住鼠标左键拖动鼠标即可。

使用技巧：使用画笔工具时，在画面中单击，然后按住 Shift 键在画面中的另一位置单击，两点间会以直线连接。另外，按住 Shift 键还可以绘制以 45°角为倍数的直线。

画笔工具属性栏
激活该工具，如图 2-2 所示显示为画笔工具属性栏。

图 2-2　画笔工具属性栏

（1）画笔：单击"画笔"选项右侧的按钮 ，可以打开画笔设置面板，如图 2-3 所示，在其面板中可以选择笔尖形状，并设置画笔的大小和硬度。

（2）模式：在下拉列表中可以选择画笔笔迹颜色与下面像素的混合模式。

（3）不透明度：用来设置画笔的不透明度，该值越低，线条的透明度越高。

（4）流量：决定画笔在绘画时的压力大小，数值越大画出的颜色越深。激活右侧的 按钮时，可启动喷枪功能，在绘画时，绘制的颜色会因鼠标的停留而向外扩展。

提示：在使用画笔工具时，按"["键可减小画笔的直径，按"]"键可增加画笔的直径；按"Shift+["组合键可减小画笔的硬度，按"Shift+]"组合键可增加画笔的硬度。

提示：按键盘中的数字键可以调整工具的不透明度。例如，按 1 时，不透明度为 10%；按 5 时，不透明度为 50%；按 0 时，不透明度恢复为 100%。

画笔设置面板

（1）大小：拖动滑块或在文本框中输入数值可以调整画笔的直径。

（2）硬度：用来设置画笔边缘的虚化程度，数值越大边缘越清晰。

（3）创建新的预设 ：单击该按钮，可以打开"画笔名称"对话框，如图 2-4 所示，输入画笔名称后，单击 确定 按钮，可以将当前画笔保存为一个预设的画笔。

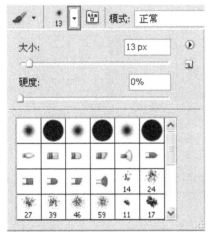

图 2-3 画笔设置面板

图 2-4 "画笔名称"对话框

画笔设置面板菜单

单击画笔设置面板中右上角的 按钮，即可打开画笔设置面板菜单，如图 2-5 所示，在菜单中可以选择面板的显示方式，以及载入预设的画笔库等。

（1）新建画笔预设：用来创建新的画笔预设，它与 按钮的作用相同。

（2）重命名画笔：选择一个画笔后，可执行该命令为画笔形状重新命名。

（3）删除画笔：选择一个画笔后，执行该命令可将画笔删除。

（4）仅文本/小缩览图/大缩览图/小列表/大列表/描边缩览图：用来设置画笔在画笔设置面板中的显示方式。如图 2-6 所示为选择不同显示方式时的画笔显示方式。

（5）预设管理器：执行该命令，可以打开预设管理器面板，在此面板中也可以对画笔进行载入、存储、重命名或删除等操作。

（6）复位画笔：将面板中的画笔恢复为默认状态。

（7）载入画笔：可将外部的画笔库载入到画笔设置面板中。

（8）存储画笔：将面板中的画笔保存为一个画笔库。

（9）替换画笔：执行该命令，可以打开载入对话框，在对话框中可以选择一个画笔库来替换面板中的画笔。

（10）画笔库：面板菜单底部是 Photoshop 提供的各种画笔库。选择一个画笔库，如图 2-7 所示，将弹出如图 2-8 所示的提示对话框。单击 确定 按钮，可以载入画笔，并替换面板中已有的画笔，如图 2-9 所示；单击 追加(A) 按钮，可以载入画笔，并添加到原有的画笔后面；单击 取消 按钮，则取消载入操作。

图 2-5　画笔设置面板菜单

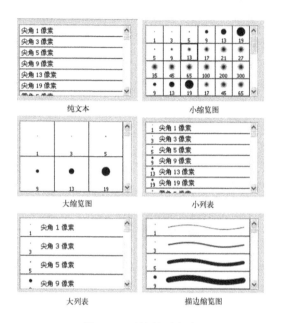

图 2-6　画笔显示方式

图 2-7　画笔库

图 2-8　弹出的提示对话框

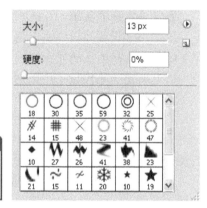

图 2-9　载入的画笔库

2．自定义画笔

在日常的设计工作中，软件本身提供的笔形往往无法满足需要，而是需要用户自己设计一种笔形来完成工作，或者利用一种图案作为笔形等。

可以按照以下的操作步骤设置自定义画笔。

（1）新建图形文件，设为 RGB 模式，将"背景内容"设为透明，其他参数设置如图 2-10 所示（根据笔形需要设置大小）。

（2）在属性栏的"画笔"选项中选择任意画笔笔形，在文件上绘制任意图案，效果如图 2-11 所示。

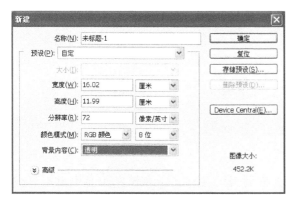

图 2-10　"新建"对话框

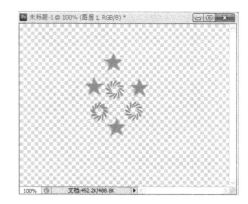

图 2-11　绘制图案

（3）单击菜单"编辑→定义画笔预设"命令，在弹出的"画笔名称"对话框中单击"确定"即可，如图 2-12 所示。将选取的图像定义为画笔后，定义的画笔即显示在画笔设置面板中。

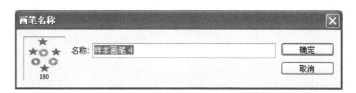

图 2-12　"画笔名称"对话框

新建一个文件，激活 工具，在"画笔"设置面板中选择刚才定义的图案，然后设置不同的前景色，即可喷绘出不同效果，如图 2-13 所示。同时可以通过设置"画笔"面板中各选项的参数，喷绘出不同的效果。

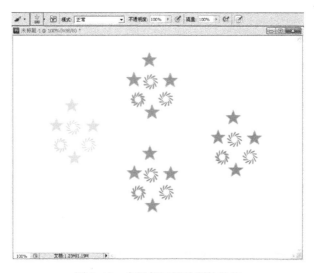

图 2-13　启用新画笔绘制的效果

3．铅笔工具

铅笔工具 ✐ 与画笔工具 ✐ 的用法基本一样，都是使用前景色绘制线条，其区别在于画笔工具可以绘制带有柔边效果的线条，而铅笔工具只能绘制硬边线条。

如图 2-14 所示为铅笔工具属性栏，可以发现与画笔工具属性栏相比，只是多了一项"自动抹除"功能。

图 2-14　铅笔工具属性栏

自动抹除应用

勾选"自动抹除"选项，并设置笔形为椭圆形，按住鼠标左键在画面中单击（或拖动），此时绘出的颜色为前景色的颜色，如图 2-15 所示；如果在涂抹好的颜色上继续拖动鼠标，则该区域将涂抹成背景色，其功能相当于橡皮擦的功能，如图 2-16 所示。如果再次在涂抹好的颜色上拖动鼠标，或者改变笔刷的角度，则继续显示为前景色，如图 2-17 所示的效果。

图 2-15　开始拖动鼠标时的效果　　　图 2-16　再次拖动鼠标的效果　　　图 2-17　改变笔刷角度的效果

4．颜色替换工具

颜色替换工具 ✎ 可以使用前景色替换图像中的颜色，而画面中对象的肌理效果仍保存。该工具不适用于位图模式、索引模式或多通道颜色模式的图像。

激活颜色替换工具 ✎ ，如图 2-18 所示为颜色替换工具属性栏。

图 2-18　颜色替换工具属性栏

（1）模式：用来设置替换的内容，包括"色相"、"饱和度"、"颜色"和"明度"。默认为"颜色"，它表示可以同时替换色相、饱和度和明度。

（2）取样：用来设置颜色的取样方式。激活连续按钮 ✎ ，在拖动鼠标时可连续对颜色取样；激活一次按钮 ✎ ，只替换包含第一次单击的颜色区域中的目标颜色；激活背景色板按钮 ✎ ，只替换包含当前前景色的区域。

（3）限制：选择"不连续"，可替换出现在鼠标光标下任何位置的样本颜色；选择"连续"，只替换与光标下的颜色邻近的颜色；选择"查找边缘"，可替换包含样本颜色的连续区域，同时更好地保留形状边缘的锐化程度。

（4）容差：用来设置颜色替换的范围。颜色替换工具只替换鼠标单击点颜色容差范围内的颜色，因此该值越高包含的颜色范围就越大。

（5）消除锯齿：勾选该选项，可以为替换颜色的区域消除锯齿，生成平滑的边缘。

打开图片如图 2-19 所示，将前景色设置为要替换的颜色，设置画笔的相应参数，然后将鼠标移动到画面中需要替换的区域拖动，即可将颜色替换为前景色，如图 2-20 所示。

图 2-19　原图效果　　　　　　　　　　　图 2-20　局部替换后的效果

5．混合器画笔工具

混合器画笔工具 是 Photoshop CS5 的新增功能，它可以模拟真实的绘画技术，如混合画布上的颜色、组合画笔上的颜色以及在描边过程中使用不同的绘画湿度。

使用方法

激活混合器画笔工具 ，如图 2-21 所示为混合器画笔工具属性栏。

图 2-21　混合器画笔工具属性栏

（1）当前画笔载入按钮 ：可重新载入或者清除画笔，也可在这里设置需要的颜色，让它和涂抹的颜色运行混合。具体的混合结果可通过后面的设置值运行调整。

（2）每次描边后载入画笔按钮 和每次描边后清理画笔按钮 ：控制每一笔涂抹结束后对画笔是否更新和清理。类似于画家在绘画时，一笔过后是否将画笔在水中清洗的操作。

（3）有用的混合画笔组合 ：单击选项窗口，将弹出下拉列表，其中包括预先设置好的混合画笔。选择某一种混合画笔时，右边的 4 个选项的设置值会自动调节为预设值。

（4）潮湿：设置从画布拾取的油彩量。

（5）载入：设置画笔上的油彩量。

（6）混合：设置颜色混合的比例。

（7）流量：设置描边的流动速率。

（8）对所有图层取样：勾选此选项，无论文件中有多少图层，都会将它们作为一个合并的图层看待。

2.2.2 画笔面板

"画笔"面板是比较重要的一个面板，利用它可以设置各种绘画工具、图像修复工具、图像润饰工具和擦除工具的画笔选项。

1．认识画笔面板

单击"窗口"→"画笔"命令，或单击画笔工具属性栏中的 按钮，打开"画笔"面板，如图 2-22 所示。

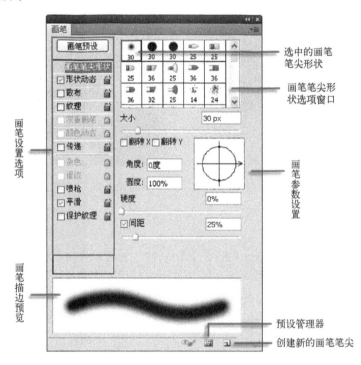

图 2-22 "画笔"面板

（1）画笔设置选项：单击各选项名称，可在画笔上应用该选项，同时可在右侧的画笔参数设置区设置详细的参数来改变画笔的形态。

（2）选中的画笔笔尖形状：当前选择的画笔笔尖的形状。

（3）画笔笔尖形状选项窗口：显示 Photoshop 提供的预设画笔笔尖，选择一个笔尖后，可在"画笔描边预览"窗口中预览该笔尖描边时的形状。

（4）画笔参数设置：用来设置选择画笔笔尖的参数。

（5）画笔描边预览：可预览当前选择画笔的描边效果。拖动画笔时，连续应用许多画笔笔尖构成的线条称为画笔描边。

（6）预设管理器按钮 ：单击此按钮，弹出"预设管理器"对话框，在此对话框中可对画笔进行管理，如重新载入、删除等。

（7）创建新画笔按钮 ：如果对一个预设的画笔进行了调整，单击该按钮，可将其保存为一个新的画笔。

2．画笔预设小技巧

"画笔"面板中提供了各种预设的画笔笔尖，要使用这些画笔，可单击"画笔"面板中的 ┃画笔预设┃ 按钮，在弹出的面板中单击需要的画笔笔尖即可，如图 2-23 所示。再次单击 ┃画笔预设┃ 按钮，则关闭该面板。拖动面板上方"大小"选项下面的滑块或在其右侧的文本框中输入数值，可以调整画笔笔尖的大小，如图 2-24 所示。单击面板右上角的┃按钮，在弹出的面板菜单中可加载系统预设的画笔笔尖。加载后，如果想要恢复画笔笔尖的默认状态，可在面板菜单中选择"复位画笔"命令。单击右侧的┃按钮，可返回到"画笔"面板。

3．画笔笔尖形状

单击"画笔"面板中的"画笔笔尖形状"选项，可对画笔笔尖进行大小、角度、圆度、硬度和间距等参数的设置，如图 2-25 所示。选择不同的画笔笔尖，弹出的选项参数也各不相同。

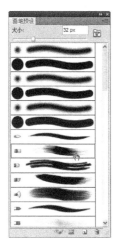　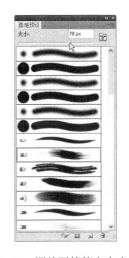　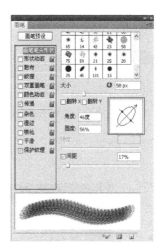

图 2-23　选择画笔　　　图 2-24　调整画笔笔尖大小　　图 2-25　设置"画笔笔尖形状"与方向

（1）大小：用来设置画笔笔尖的大小。

（2）翻转 X/翻转 Y：用来改变画笔笔尖在 X 轴或 Y 轴上的方向。

（3）角度：用来设置画笔的旋转角度。可在文本框中输入角度值，也可以拖动箭头进行调整。

（4）圆度：用来设置画笔笔尖长轴和短轴之间的比率。可在文本框中输入数值，或拖动控制点来调整。当该值为 100%时画笔为圆形，设置其他值时可将画笔压扁。

（5）硬度：用来设置画笔笔尖的虚化程度。该值越小，画笔的边缘越柔和。

（6）间距：设置利用画笔绘制线条时每两笔之间的距离。该值越高，每两笔之间的距离越大；如果取消选择，则会自动根据光标的移动速度调整笔迹之间的间距。

4．形状动态

单击"画笔"面板中的"形状动态"选项，可对利用画笔绘画时的笔迹形状动态进行设置，包括大小、角度和圆度等参数的随机变化，如图 2-26 所示。

（1）大小抖动：用来设置画笔在绘画时笔尖大小的变化程度。该值越高，轮廓越不规则。

提示：在"控制"选项窗口中可以选择改变的方式，选择"关"，表示不控制画笔笔尖的大小变化。选择"渐隐"后，可按照指定数量的步长在初始大小和最小值之间渐隐，使笔迹产生逐渐淡出的效果，如图 2-27 和图 2-28 所示为对比效果。

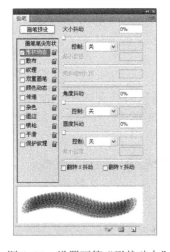 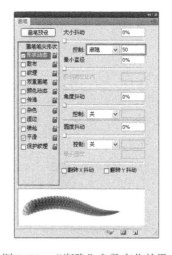 

图 2-26　设置画笔"形状动态"　图 2-27　"渐隐"参数变化效果　图 2-28　"渐隐"参数变化效果

（2）最小直径：启用了"大小抖动"后，可通过改变该参数，从而改变画笔笔尖缩放的大小百分比。该值越高，笔尖直径的变化越小，如图 2-29 和图 2-30 所示。

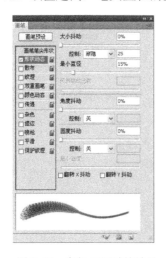 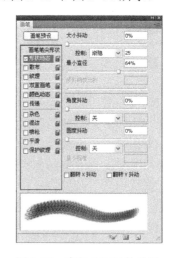

图 2-29　直径 15%时的效果　　　　图 2-30　直径 64%时的效果

（3）角度抖动：用来改变画笔在绘画时各笔尖角度的变化程度。该值为 0 时，不产生角度变化。如果要指定画笔角度的改变方式，可在"控制"选项窗口选择一个选项。

（4）圆度抖动/最小圆度：用来设置画笔在绘画时各笔尖圆度的变化程度。该值越高，圆度变化越明显。也可以在"控制"选项窗口中选择一种控制选项；另外，还可以在"最小圆度"中设置画笔笔尖的最小圆度。

（5）翻转 X 抖动/翻转 Y 抖动：用来设置画笔笔尖在其 X 轴或 Y 轴上的方向。

5. 散布

单击"画笔"面板中的"散布"选项，可对利用画笔绘画时笔尖的散布程度进行设置，包括笔迹的散布位置及数量等，如图 2-31 所示。

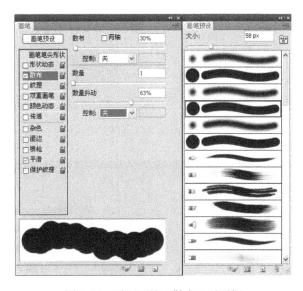

图 2-31　设置画笔"散布"对话框

（1）散布/两轴：用来设置利用画笔绘画时笔迹的分散程度，该值越高，画笔笔迹分散的范围越广。选择"两轴"选项，画笔笔迹将以中间为基准，向两侧分散，如果要指定画笔笔迹如何散布变化，可以在"控制"选项窗口中选择指定的选项。如图 2-32 和图 2-33 所示。

（2）数量：用于设置绘画时散射出笔迹的数量，增加该值可重复笔迹。

（3）数量抖动：用来指定画笔笔迹的数量如何针对各种间距而变化。

6. 纹理

单击"画笔"面板中的"纹理"选项，可以选择一种图案作为画笔的纹理，使其在绘画时产生图案纹理效果，如图 2-34 所示。

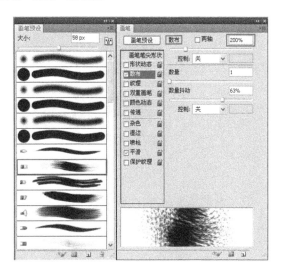

图 2-32　散布时的效果

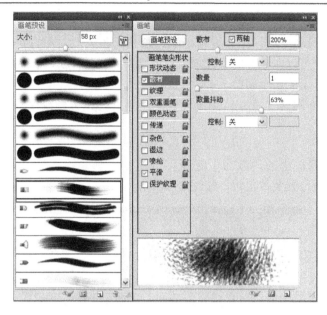

图 2-33 散布并勾选两轴时的效果

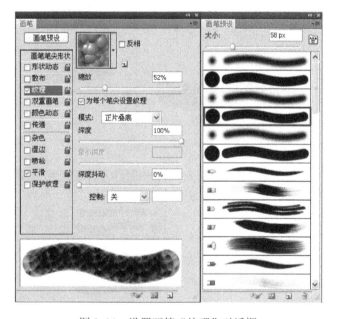

图 2-34 设置画笔"纹理"对话框

（1）设置纹理/反相：单击图案或其右侧的倒三角形按钮，可以在打开的图案选项窗口中选择一个图案，将其设置为纹理。勾选"反相"，可基于图案中的色调翻转纹理中的亮点和暗点。

（2）缩放：用来调整选择图案的缩放比例。

（3）为每个笔尖设置纹理：勾选此选项，可将选定的纹理应用于每个画笔笔迹。如果不勾选此选项，将为整个画笔描边应用选定的纹理。只有勾选此选项，其下面的"深度"选项才可用。

（4）模式：用于设置选择图案纹理与前景色之间的混合模式。

（5）深度：用于设置选择图案纹理与画笔颜色的混合程度。该值为 0 时，纹理中所有的点都接收相同数量的油彩，进而隐藏图案；该值为 100%时，纹理中的暗点不接收任何油彩，进而只显示图案。

（6）最小深度：用于为每个笔尖设置纹理时，渗入油彩的最小深度。

（7）深度抖动：用于设置为每个笔尖应用纹理时的抖动百分比。

7. 双重画笔

单击"画笔"面板中的"双重画笔"选项，可以使用两个笔尖创建画笔笔迹。如果要使用双重画笔，首先要在"画笔笔尖形状"选项中设置主要笔尖的选项，然后再从"双重画笔"选项中选择另一个画笔笔尖，如图 2-35 和图 2-36 所示。

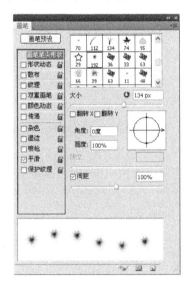

图 2-35 在"画笔笔尖形状"中选择画笔　　　图 2-36 在"双重画笔"中选择画笔

（1）模式：在右侧的选项窗口中可以选择两种笔尖在组合时使用的混合模式。

（2）大小：用来设置笔尖的大小。

（3）间距：用来控制描边中双笔尖画笔笔迹之间的距离。

（4）散布：用来指定描边中双笔尖画笔笔迹的散布程度。

（5）数量：用来指定在每个间距应用的双画笔笔迹的数量。

8. 颜色动态

单击"画笔"面板中的"颜色动态"选项，可设置画笔在绘画时颜色的变化方式，包括前景/背景抖动、色相抖动、饱和度抖动、亮度抖动和纯度的随机性变化，如图 2-37 所示。

（1）前景/背景抖动：用来指定前景色和背景色之间的颜色变化。该值越小，变化后的颜色越接近前景色；该值越高，变化后的颜色越接近背景色。

（2）色相抖动：用来设置画笔颜色的色相变化。该值越小，颜色越接近前景色；该值越高，色相变化越丰富。

（3）饱和度抖动：用来设置画笔颜色的饱和度变化，该值越小，饱和度越接近前景色的饱和度；该值越高，色彩的饱和度变化越丰富。

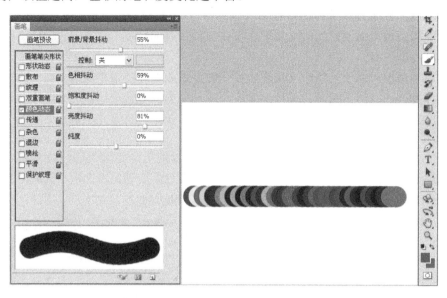

图 2-37　设置画笔"颜色动态"对话框

（4）亮度抖动：用来设置画笔颜色的亮度变化。该值越小，亮度越接近前景色的亮度；该值越高，颜色的亮度变化差异越大。

（5）纯度：用来设置增大或减小画笔颜色的纯度。该值为 –100 时，画笔颜色将完全去色；该值为 100 时，颜色将完全饱和。

9．传递

单击"画笔"面板中的"传递"选项，可设置画笔在绘画时的改变方式，包括不透明度抖动、流量抖动、湿度抖动和混合抖动的随机变化，如图 2-38 所示。

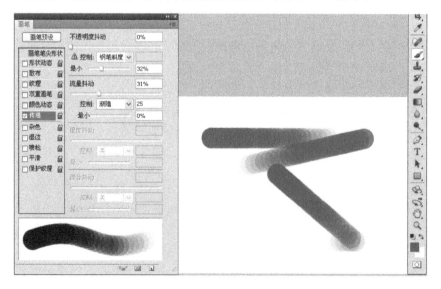

图 2-38　设置画笔"传递"对话框

（1）不透明度抖动：用来设置画笔颜色的不透明度变化。数值为 0 时，不产生变化；数值越大，产生的变化越丰富。

（2）流量抖动：用来设置画笔颜色的流量变化。数值为 0 时，将使用相同的流量绘画；数值越大，流量变化越大。

（3）湿度抖动和混合抖动：选择混合器画笔工具时，这两个选项的参数才可用，用于设置选择笔尖在绘画时，湿度和混合程度的变化。

10．其他选项

"画笔"面板中的其他选项包括"杂色"、"湿边"、"喷枪"、"平滑"和"保护纹理"，他们没有可供调整的数值，如果要启用一个选项，将其勾选即可。

（1）杂色：可以为画笔笔尖添加杂色效果，对于"硬度"越小的笔尖，效果越明显。

（2）湿边：可以沿画笔描边的边缘增大油彩量，以创建水彩效果。

（3）喷枪：勾选该选项，相当于激活画笔工具属性栏中的 按钮，这样在绘画时，将因鼠标的停留而加深该处的颜色。

（4）平滑：在绘画过程中生成更平滑的曲线。当使用压感笔进行快速绘画时，该选项最有效。

（5）保护纹理：将相同图案和缩放比例应用于具有纹理的所有画笔预设。选择该选项后，在使用多个纹理画笔笔尖绘画时，可以模拟出一致的画布纹理。

2.2.3　橡皮擦工具组

Photoshop 中包含 3 种类型的橡皮擦：橡皮擦工具 、背景橡皮擦工具 和魔术橡皮擦工具 。使用这些工具擦除对象时，除了橡皮擦工具显示被擦除部分为背景颜色外，其余的两种则显示为透明。

1．橡皮擦工具

橡皮擦工具 是最基本的擦除工具。激活该工具，其属性栏如图 2-39 所示。

图 2-39　橡皮擦工具属性栏

（1）模式：用来选择橡皮擦擦除图像的方式，选择"画笔"时，会擦出柔边效果的边缘，选择"铅笔"时，只能擦出硬边的效果。选择"块"时，将擦出块状的擦痕。

（2）不透明度：用来设置擦除图像的不透明程度，100%时可以将像素完全擦除。当将模式设置为"块"时，该选项不可用。

（3）流量：此选项用来控制橡皮擦的擦除强度，数值越大对图像的擦除效果越明显。

（4）抹到历史记录：与历史记录画笔的功能相近，勾选该选项后，可以在"历史记录"面板选择一个操作步骤或一个快照，在擦除时可以将图像恢复到指定的状态。

打开如图 2-40 所示图片，激活橡皮擦 工具，设置合适的笔尖大小后，将鼠标光标移动到画面中拖动，即可擦除图像，显示背景色，如图 2-41 所示。

图 2-40　原图

如果将背景层转换为普通层（双击鼠标左键即可），再利用 工具进行擦除，被擦除的区域将显示透明区域，如图 2-42 所示。

图 2-41　显示背景色

图 2-42　显示透明区域

2．背景橡皮擦工具

背景橡皮擦工具 是用来擦除背景的一种智能工具，它具有自动识别对象边缘的功能。激活该工具，其属性栏如图 2-43 所示。

图 2-43　背景橡皮擦工具属性栏

（1）取样：此按钮包含 3 个按钮，用来设置取样的方式。激活连续按钮 后，在拖动鼠标时将会对颜色进行连续取样，如果鼠标光标碰到需要保留的图像也将会一并擦除；激活一次按钮 后，只擦除包含第一次单击时的颜色区域；激活背景色板按钮 后，将擦除包含背景色的区域。

（2）限制：用来选择擦除时的限制模式。选择"不连续"，可以擦除鼠标光标下任何位置的颜色；选择"连续"，只擦除样本颜色和其相互连接的区域；选择"查找边缘"，该选项可以很好的保留形状边缘的锐化程度，擦除包含样本颜色的连接区域。

（3）容差：用来设置颜色的容差范围。低容差仅限于擦除与样本颜色相近的区域，而高容差可擦除范围更广的区域。

（4）保护前景色：该选项是用来防止擦除与前景色匹配的颜色区域。

打开如图 2-44 所示图片，激活背景橡皮擦 工具，然后将鼠标光标移动到画面中的背景处单击鼠标左键，沿人物的边缘拖动鼠标（此时背景层自动转化为普通层），即可将照片中的背景擦除，如图 2-45 所示。在擦除过程中，注意不能让鼠标光标中心的"十"字线碰到人物，否则人物也将会一并擦除。

图 2-44 原图   图 2-45 擦除过程中的效果

3．魔术橡皮擦工具

魔术橡皮擦工具 的用法与魔棒工具相同，利用它可以一次性擦除图像中与鼠标单击处颜色相同或相近的颜色。激活该工具，其属性栏如图 2-46 所示。

图 2-46 魔术橡皮擦工具属性栏

（1）容差：用来设置可擦除的颜色范围，低容差会擦除颜色范围内与单击点像素非常相近的像素，高容差可擦除范围更广的像素。

（2）消除锯齿：此选项可以将擦除区域的边缘变得平滑。

（3）连续：勾选此选项，在擦除时，可擦除与单击点像素邻近的像素，取消勾选时，将擦除与图像中所有相似的像素。

打开如图 2-47 所示图片，激活魔术橡皮擦 工具，将鼠标光标移动到背景处单击，即可将与单击点颜色相近的区域擦除，如图 2-48 所示。如果背景不是单一色彩，继续在其他区域单击即可将背景完全擦除。

2.2.4 渐变工具组

渐变工具组中的工具主要用于为图像填充颜色或图案，包括填充渐变色的渐变工具 和填充颜色及图案的油漆桶工具 。

图 2-47　原图　　　　　　　　　　　图 2-48　擦除效果

1．渐变工具

渐变工具是用来在选区内或在整个文档中填充渐变颜色的。激活该工具，如图 2-49 所示为其属性栏。按住鼠标左键在图像中拖动鼠标，松开鼠标后即可为图像填充渐变色。

图 2-49　渐变工具属性栏

（1）渐变颜色条：颜色条 中显示了当前的渐变颜色，单击右侧的 按钮即可打开"渐变颜色"选项面板，如图 2-50 所示，在面板中可以选择预设的渐变颜色；如果直接单击颜色条，则可以打开"渐变编辑器"对话框进行编辑，如图 2-51 所示。

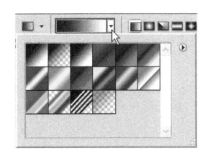

图 2-50　"渐变颜色"选项面板　　　　　图 2-51　"渐变编辑器"对话框

（2）渐变类型：渐变的类型包括线性渐变 、径向渐变 、角度渐变 、对称渐变 和菱形渐变 5 种。依次选择不同渐变方式，其对比效果如图 2-52 所示。

图 2-52　5 种渐变类型对比效果

（3）模式：该选项可以用来对渐变效果的混合模式进行设置。

（4）不透明度：可以设置渐变的不透明度大小。

（5）反向：勾选该选项，可以得到与原颜色顺序相反的渐变效果。

（6）仿色：用较小的带宽创建平滑的混合，使渐变颜色之间的过渡更加柔和。在屏幕上不能明显的显示出仿色的作用。

（7）透明区域：该选项可以创建透明的渐变，如图 2-53 所示，取消勾选时将创建实色渐变，如图 2-54 所示。

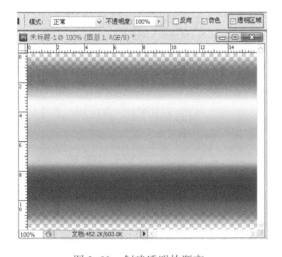

图 2-53　创建透明的渐变

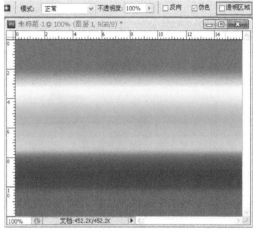

图 2-54　创建实色渐变

2．渐变编辑案例应用

利用渐变编辑器可以对填充的渐变色彩进行编辑。下面以制作青苹果为例来详细讲解其使用方法。

① 新建宽度为 10 厘米，高度为 10 厘米，分辨率为 120 像素/英寸，背景色为白色的文件。

② 激活椭圆工具绘制如图 2-55 所示的圆形选区。

③ 激活渐变工具，单击属性栏中的颜色条，在弹出的"渐变编辑器"对话框中，如图 2-56 所示设置渐变色，其 RGB 颜色设置依次为 56、113、0；133、196、30；187、239、102；56、113、0；122、184、23。单击"确定"即可。

④ 在选区内适当位置，按住鼠标左键自左上向右下拖移，效果如图 2-57 所示。

⑤ 激活画笔工具，如图 2-58 和图 2-59 所示设置参数。绘制如图 2-60 所示效果。

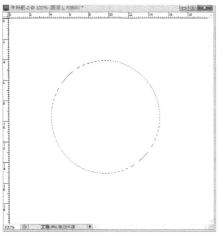

图 2-55　绘制选区

图 2-56　编辑渐变色

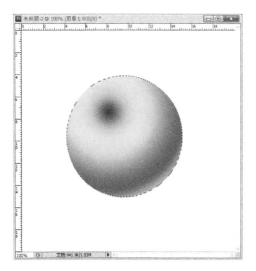

图 2-57　填充渐变色

图 2-58　设置画笔参数

图 2-59　设置画笔参数

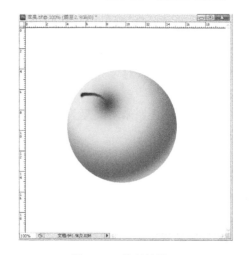

图 2-60　绘制效果

⑥ 背景效果同样可利用渐变工具实现。激活渐变工具，选择直线渐变形式，按住 Shift 键，由上到下拖动鼠标，效果如图 2-61 所示。

⑦ 改变渐变色彩设置，也可绘制如图 2-62 所示效果。

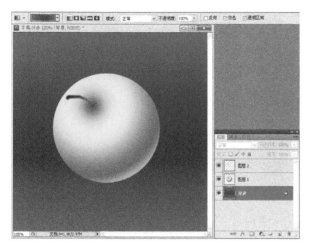

图 2-61　填充背景　　　　　　　　　　　　　图 2-62　绘制效果

3．油漆桶工具

油漆桶工具 主要用于对图像或选区填充各种颜色及图案。

激活该工具，在其属性栏如图 2-63 所示，选择填充颜色或图案，然后在选区或文档窗口中单击即可为图像填充颜色或图案。

图 2-63　油漆桶工具属性栏

（1）填充内容：单击 前景 右侧的 按钮，可以打开下拉菜单，在下拉菜单中可以选择填充的内容，包括前景和图案。

（2）模式/不透明度：用来设置填充内容的混合模式和不透明度。

（3）容差：用来定义填充的范围。容差的数值越大，填充的范围也就越大。

（4）消除锯齿：可以将填充的边缘进行平滑处理。

（5）连续的：勾选时只填充与单击点相邻的像素。取消勾选时，可以填充图像中的所有像素。

（6）所有图层：勾选此选项，可对图像文件中所有可见图层的合并颜色数据进行填充；取消勾选，将只根据当前图层的颜色进行填充。

2.3　实　例　解　析

2.3.1　锦鲤图案设计

（1）新建文件，设置尺寸为 10×10 厘米，分辨率为 300 像素/英寸，色彩模式为 RGB。

（2）激活画笔工具，利用画笔工具绘制鱼眼睛的形状色块。按照从下到上，由面积大到面积小的遮盖顺序，选择浅蓝、天蓝、深蓝、白色，不断调整笔尖的大小，然后在准确位置重复单击即可，这样就具有简单的明暗光影效果，其绘制过程如图 2-64 所示。

（3）接下来进一步加强眼睛的透明立体效果。

利用圆形选择工具选取眼睛中需要产生质感的地方，如图 2-65 所示，然后激活渐变工具，在选择区域内进行渐变填充，渐变色条选择由白色向透明色渐变的线性渐变模式，拖动渐变使产生渐变的范围不要超过眼睛的三分之一面积，这样鱼的眼睛就产生了立体的感觉，如图 2-66 所示。

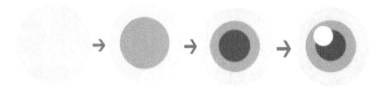

图 2-64　绘制鱼眼睛局部过程　　　　　　　　　　图 2-65　添加选区

（4）调整鱼眼睛的位置，使用画笔工具绘制出鱼的外形。在此绘制黑色轮廓是为了方便添色，绘制中注意线条的粗细变化，不断调整画笔的直径参数，这样画出来的鱼才生动有趣。在适当的部位可以使用直线工具，然后再用画笔进行调整，注意调整画面构图布局，如图 2-67 所示。

（5）使用油漆桶工具进行填充，在上一步已经绘制了黑色轮廓，所以填充时不会发生错误，这样就确定了图案的主体颜色，在填充颜色的时候反复进行调整，先把背景的主要颜色填充，然后逐渐填充其他颜色，如图 2-68 所示。

图 2-66　渐变填充鱼眼睛　　　图 2-67　绘制鱼的简单轮廓图　　　图 2-68　主要颜色填充

（6）继续填充鲜艳的色彩，保证画面的喜庆气氛。这个时候可以大胆使用一些鲜艳的颜色，因为有黑色进行勾边，所以不会产生大的冲突，效果如图 2-69 所示。

（7）利用魔术棒等选择工具和画笔工具对每个小区域内的颜色增加花纹和装饰。因为是细部的调整，因此可以使用各种图形的笔刷，也可以利用自定义图案进行变化，但是要注意用笔的时候要考虑好每一步，因为对于一张图案来说需要整体的构思和安排，在这里我们利用不同的笔刷进行装饰，如图 2-70 所示。

（8）利用画笔工具绘制出绿色的气泡，绘制的方法和鱼眼睛的绘制一样，同时注意颜色的饱和度，如图 2-71 所示。

（9）使用画笔工具绘制图案外框，在使用画笔过程中，注意画笔的停顿、笔锋的变化，可反复涂画达到粗细变化的效果，如图 2-72 所示。

　　图 2-69　继续填充鲜艳的色彩　　　　　　　图 2-70　增加花纹和装饰

　　（10）激活矩形选择工具和油漆桶工具对背景图框内的空白处进行填充。一张可爱的鱼图案就绘制好了。制造出水的效果，注意在背景颜色上使用冷色调与鱼的暖色调形成对比，如图 2-73 所示。

　图 2-71　绘制绿色的气泡　　　图 2-72　绘制图案外框　　　图 2-73　填充背景效果

2.3.2　花卉图案设计

　　（1）打开图片"玫瑰花"文件，如图 2-74 所示。
　　（2）在图层面板中，按住鼠标左键将背景层拖至"创建新图层"按钮上，复制"背景"层为"背景副本"，如图 2-75 所示。

　　　　图 2-74　素材　　　　　　　　　　图 2-75　复制背景层

（3）打开"颜色"浮动面板，如图 2-76 所示，设置前景色为深红色。如图 2-77 所示，设置背景色为 M70。

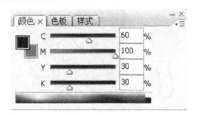

图 2-76　前景色设置

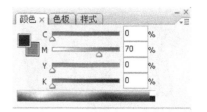

图 2-77　背景色设置

（4）如图 2-78 所示，以背景副本层为当前层，同时关掉"背景"层的眼睛。

（5）激活工具箱中的"魔术棒"工具，设置如图 2-79 所示参数，选取底色部分。被叶子分割出去的独立空间部分按 Shift 键加选，然后按 Delete 键删除白色。

图 2-78　关闭背景层

图 2-79　删除底色

（6）单击菜单"滤镜"→"素描"→"影印"命令，如图 2-80 所示，在"影印"对话框中设置细节和暗度。

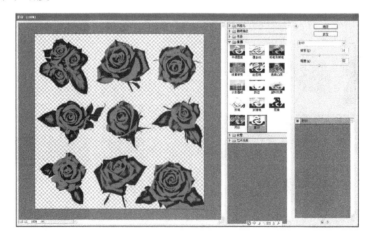

图 2-80　影印对话框

（7）单击"确定"按钮，影印后的效果如图 2-81 所示。

图 2-81　影印效果

（8）在图层面板中，以"背景"层为当前选择图层，如图 2-82 所示打开该图层。

（9）保持前景与背景色不变，单击菜单"滤镜"→"渲染"→"云彩"命令，效果如图 2-83 所示。

图 2-82　打开背景层

图 2-83　云彩效果

（10）单击菜单"滤镜"→"素描"→"半调图案"命令，如图 2-84 所示在半调图案对话框中设置大小和对比度。

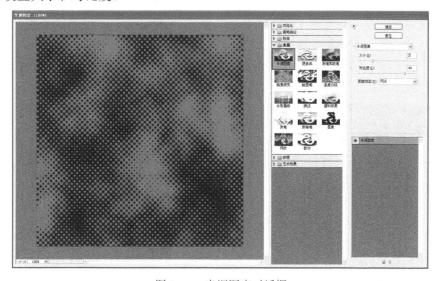

图 2-84　半调图案对话框

（11）单击"确定"按钮，半调图案的效果如图 2-85 所示。

（12）如图 2-86 所示，在图层面板中，复制"背景副本"为"背景副本 2"，并将"背景副本 2"拖至"背景副本"的下面。

图 2-85　半调图案效果

图 2-86　复制背景副本

（13）单击菜单"滤镜"→"其他"→"最小值"命令，在如图 2-87 所示对话框中设置半径为 5 像素。单击"确定"按钮即可。

（14）在图层面板中，如图 2-88 所示，单击"锁定"按钮。

（15）单击菜单"编辑"→"填充"命令，在其对话框中选择填充"背景色"，效果如图 2-89 所示。

图 2-87　最小值对话框

图 2-88　锁定透明

（16）下面制作另一种色彩效果的图案。如图 2-90 所示，在图层面板中复制"背景副本"为"背景副本 3"

图 2-89　填充效果

图 2-90　复制背景副本

（17）单击菜单"图像"→"调整"→"去色"命令，效果如图 2-91 所示。

图 2-91　去色效果

（18）单击菜单"图像"→"调整"→"亮度/对比度"命令，设置如图 2-92 所示参数。

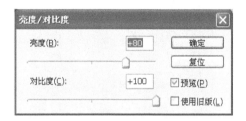

图 2-92　"亮度/对比度"对话框

（19）单击"确定"按钮，调整后的图案效果如图 2-93 所示。还可以通过调整色相来改变整个图案的色彩效果。

（20）在图层面板中，如图 2-94 所示，单击底部的"创建新的填充或调整图层"按钮，选择"色相/饱和度"选项。

图 2-93　调整后效果

图 2-94　色相/饱和度菜单

（21）在弹出的"色相/饱和度"对话框中，如图 2-95 所示，调整色相滑块。

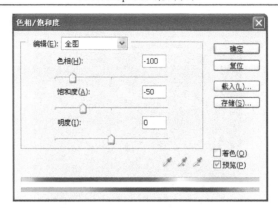

图 2-95 "色相/饱和度" 对话框

（22）单击"确定"按钮，得到如图 2-96 所示不同的色彩效果。

图 2-96 最终效果

从上述案例制作中，我们不难发现，Photoshop 的滤镜有着强大的视觉功能，即使不是一位专业的设计师，也可以通过简单的滤镜指令制作出具有丰富表现力的图案来。

2.4 常用小技巧

1．使用涂抹工具时，按住 Alt 键可由纯粹涂抹变成用前景色涂抹。

2．按住 Alt 键后，使用图章工具在任意打开的图像视窗内单击鼠标左键，即可在该视窗内设定取样位置，但不会改变作用视窗。

3．在使用橡皮擦工具时，按住 Alt 键可将橡皮擦功能切换成恢复到指定的步骤记录状态。

4．使用绘画工具如（如画笔，铅笔等），按住 Shift 键单击鼠标，可将两次单击点以直线连接。

2.5 相关知识链接

图案的表现形式分为均衡与对称、变化与统一、节奏与韵律、对比与和谐等。

1．均衡与对称

均衡是指虚拟的中心轴上下左右的纹样分量相等但是纹样色彩不相同。在实际设计中这种图案生动活泼富于变化。

对称是指在虚拟的中心轴的左右或者上下采用等同颜色、纹样、数量的图形组合成的图案。在实际设计中，这种设计稳定庄重、整齐典雅，如图 2-97 所示。

2．变化与统一

在图案设计中具有许多的矛盾关系，这其中包括内容的主要次要、构图的虚实变化、形体的结构处理、颜色的明度纯度等。

变化是指图案的各个部分的外在差异。统一是指图案的各个部分的内在联系。

我们要做的是在统一中求变化，变化中求统一，使图案的各个部分求得一个整体的视觉效果，如图 2-98 所示。

图 2-97　均衡与对称图案　　　　　　图 2-98　变化与统一图案

3．节奏与韵律

在音乐中，节奏被定义为"互相连接的音，所经时间的秩序"，在图案中将设计图形的距离方位做反复的排列或者空间的延伸就会产生节奏。因此可以说：节奏就是规律性的重复。

在节奏的重复中我们把节奏控制的距离进行变化产生间隔，加入强弱、大小、远近等区别就产生了优美的律动，这就是韵律。

节奏和韵律是相互依存的，韵律的使用可以使作品在节奏的基础上产生丰富的效果，而节奏是在韵律基础上的继续发展，如图 2-99 所示。

4．对比与和谐

对比是指设计中在明显的差别中将各种设计要素进行比较。我们在设计图案中经常使用的对比技巧一般来说有图案方式的对比、质量的对比、方式的对比。通过这些对比可以使设计生动活泼又不失整体感。

和谐就是适合。也就是说在设计中，构成各个要素不是相互抵触压制。而是完整统一调和的。相对于对比而言更注重一致性，两者是不可分割的统一整体，也是设计图案产生强烈效果的必须手段，如图 2-100 所示。

图 2-99　节奏与韵律

图 2-100　对比与和谐

第 3 章

字体设计——文本与图层的应用

文字是一种特殊的设计符号。文字设计的主旨在于如何按照设计规律进行整体的精心安排。文字设计是随着人类生产和实践的产生而产生的，它随着人类文明的进步而逐渐成熟。世界很多民族都有自己的文字。在世界多文字发展的历史进程中，最终形成了代表当今世界文字体系的两大重要系统，一是代表东方文明的汉字，二是代表西方文明的拉丁字母文字。这两大字体系统都起源于图形符号，经过了几千年的漫长进化后最终形成各具特色的完整系统，如图 3-1 和图 3-2 所示。

图 3-1　拉丁字母文字

图 3-2　汉字

　　汉字又称方块字，汉字笔画的变化使其具有多变的意义，每个单个字体都具有一个或者多个意义。因此在汉字的设计上可以参考笔画和字体本身的意义进行艺术创造。

　　相对于汉字来说，拉丁字母的每个字母本身是不具备实际意义的，而是通过对字母的组合而形成单词，这样 26 个拉丁字母可以变化出无数种组合形式，不同的组合形式所具有的排列美感是对其设计的突破口，这也正是一种组合的独特优势之所在。

　　字体设计则是运用装饰性手法美化文字的一种书写艺术和艺术造型活动。对文字进行完美的视觉感受设计，大大增强了文字的形象魅力，在现代视觉传达设计中被广泛地应用，强烈的视觉冲击效果会引起人们的关注如图 3-3 和图 3-4 所示。

图 3-3　装饰字体　　　　　　　　　　　　图 3-4　装饰字体

　　字体设计是现代平面设计的重要组成部分，其设计的优劣与设计者的艺术修养、学识经验等方面因素有关。字体设计通过不同的途径扩大艺术视野，充分发挥设计者的艺术想象力，以达到较完美的设计艺术视觉效果。

　　可读性、艺术性、思想性是字体设计的主要原则，艺术性较强的字体应该不失易读性，又要突出内容性。因此在设计字体时应该注意文字的可读性，要赋予文字个性，在视觉上应给人以美感，在设计上要富于创造性和思想性，如图 3-5 和图 3-6 所示。

图 3-5　个性化字体　　　　　　　　　　　　图 3-6　思想性字体

3.1　字体设计案例分析

1．创意定位

　　在计算机普及的现代设计领域，文字的设计工作很大一部分由计算机代替人脑完成了。但设计作品所面对的观众始终是人脑而不是计算机，当涉及到例如创意、审美之类人的思维的方面问题时，计算机是始终不可替代人脑的。

　　同时文字是记录语言的符号，是视觉传达情感的媒体。文字是以"形"的方式体现表达意思，传达感情。文字利用其形，通过音来表达意义。意美以感心，音美以感耳，形美以感目。字体设计既要体现出字意，又使之富于艺术魅力。下面通过一组字体的设计加以说明，如图 3-7 和 3-8 所示。

图 3-7　@字体设计　　　　　　　　　　　图 3-8　玻璃字体设计

2．所用知识点

在字体设计中我们使用了 Photoshop 中的文字工具，图层及图层样式中的内阴影、内发光、斜面和浮雕、渐变叠加、光泽等高线和滤镜中的光照效果、高斯模糊等命令。

3．制作分析

- 利用文本工具确定制作主体。
- 使用图层样式，制造立体效果。
- 使用文字沿路径排列。
- 使用高斯模糊制造反光和阴影效果。

3.2　知 识 卡 片

文字的运用是平面设计中非常重要的表达形式。在许多设计作品中往往需要通过文字说明来表达主题，并将文字加以变形从而丰富版面、突出创作主题，其应用范围涉猎多个领域：广告设计、印刷设计、包装装潢设计、多媒体及网页设计等。

3.2.1　**文本工具**

文字工具组共有 4 种文字工具：横排文字工具 T、直排文字工具 IT、横排文字蒙版工具 T 和直排文字蒙版工具 IT，分别用于输入水平与垂直文字和水平与垂直的文字选区。

利用文字工具输入的文字具有两种属性：点（艺术）文字和段落文本。点文字适合在文字数量较少的画面中使用，或需要制作特殊效果的文字；当作品中需要大段的文字时，应该利用段落文本输入文字。如图 3-9 所示，标题使用点文字，而正文使用段落文本。

（1）输入点文字

利用文字工具输入点文字时，输入的文字独立成行，行的长度随着文字的不断输入而增长，只有在按"Enter"键强制回车时，才能切换到下一行并继续输入文字。

激活文字工具，选择横排文字工具按钮或直排文字工具按钮，在文件中单击，鼠标光标显示为"插入符"，然后选择必要的输入法输入文字即可。

（2）输入段落文本

激活文字工具，选择横排文字工具按钮或直排文字工具按钮，在文件中单击并按住鼠标左键拖曳，形成虚拟的矩形文本框，然后选择必要的输入法输入文字即可。当文字输入至文本框边缘时将自动换行，直至按"Enter"键强制回车时，另起一行为止。

如果输入的文字较多而文本框无法容纳时，在文本框的右下角会出现溢出符号，此时可以通过拖曳文本框周围的控制点，改变文本框的大小或改变字体的大小以达到显示全部文本的目的，如图 3-10 所示。

图 3-9　正文与标题　　　　　　　　　　图 3-10　段落文本

（3）创建文字选区

激活"横排文字蒙版"工具或"直排文字蒙版"工具即可创建选区文字，其输入方式与点文字和段落文本一致，所不同的是：单击鼠标左键时画面会出现红褐色蒙版；输入该文字时先建立新的图层，然后再输入必要的文字选区。

1．文字工具属性栏

激活文字工具，其属性栏如图 3-11 所示。

图 3-11　文字工具属性栏

"改变文本方向"按钮：单击此按钮，可以将水平或垂直方向的文本互换。

"设置字体系列"：此下拉列表中的字体用于设置输入文字的字体；也可以将输入的文字选择后在此从新设置。

"设置字体样式"：此下拉列表中的选项用于决定输入文字的字体样式，包括：Regular（规则）、Italic（斜体）、Bold（粗体）、Bold Italic（粗斜体）4 种字型。此列表只有在选择英文字体时方可使用。

"设置字体大小" ：此下拉列表中的选项用于设置或改变字体大小。

"设置消除锯齿的方法" ：此下拉列表中的选项用于决定文字边缘消除锯齿的方式，包括"无"、"锐利"、"犀利"、"浑厚"、"平滑"5 种方式。

"对齐方式"按钮：当使用"横排文字"工具输入文字时，对齐方式　　　按钮分别表示"左对齐"、"水平居中对齐"和"右对齐"；当使用"直排文字"工具输入文字时，对齐方式　　　按钮分别表示"顶对齐"、"垂直居中对齐"和"底对齐"。

"设置文本颜色"色块：单击此色块，在弹出的对话框中选择需要的颜色。

"创建文字变形"按钮：单击此按钮，弹出对话框如图 3-12 所示，可以设置文字的变形效果，如图 3-13 所示。

"切换字符和段落面板"按钮：单击该按钮，可显示或隐藏"字符"和"段落"面板。

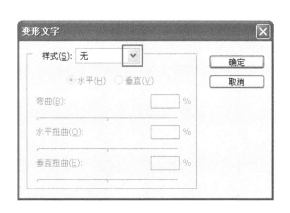
图 3-12　"变形文字"对话框

图 3-13　变形样式

2．字符面板

单击菜单"窗口"→"字符"命令或单击文字属性栏中的　按钮，弹出如图 3-14 所示"字符"面板。

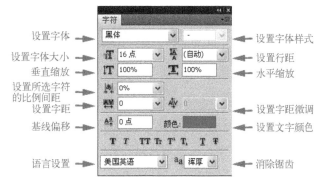
图 3-14　"字符"面板

在该面板中同在属性栏中一样可以设置字体、字号、字型和颜色，但是其主要目的是用来设置字距、行距和基线偏移等选项的功能。

"设置字距微调"：设置相邻两个字符间的距离，在设置此选项时不需要选择字符，只需在字符间单击以指定插入点，然后再设置相应的参数即可。

"基线偏移"：设置文字由基线位置向上或向下偏移的高度。在文本框中输入正值，可使横排文字向上偏移，直排文字向右偏移；输入负值，可使横排文字向下偏移，直排文字向右左偏移。

"字符"面板中各按钮的含义如下，激活不同按钮时产生的文字效果各不相同。

"仿粗体"按钮 **T**：可以将当前选择的文字加粗显示。

"仿斜体"按钮 *T*：可以将当前选择的文字倾斜显示。

"全部大写字母"按钮 **TT**：可以将当前选择的小写字母变为大写字母。

"小型大写字母"按钮 **Tr**：可以将当前选择的字母变为小型大写字母。

"上标"按钮 **T¹**：可以将当前选择的文字变为上标显示。

"下标"按钮 **T₁**：可以将当前选择的文字变为下标显示。

"下画线"按钮 **T**：可以将当前选择的文字下方添加下画线。

"删除线"按钮 **T**：可以将当前选择的文字中间添加删除线。

3．段落面板

"段落"面板的主要功能是设置文字对齐方式以及缩进量，选择横排文本时，其显示如图 3-15 所示。

▤ ▤ ▤ 按钮：分别用于设置横排文本的对齐方式为左对齐、居中对齐或右对齐。

▤ ▤ ▤ ▤ 按钮：只有在图像文件中选择段落文本时这 4 个按钮方可使用。其主要功能是调整段落中最后一行的对齐方式，分别为左对齐、居中对齐、右对齐或两端对齐。

选择直排文本时，其显示如图 3-16 所示。

▥ ▥ ▥ 按钮：分别用于设置直排文本的对齐方式，如：顶对齐、居中对齐和底对齐。

图 3-15　横排文本"段落"面板　　　　图 3-16　直排文本"段落"面板

▥ ▥ ▥ ▥ 按钮：只有在图像文件中选择段落文本时这 4 个按钮方可使用。其主要功能是调整段落中最后一行的对齐方式，分别为顶对齐、居中对齐、底对齐或两端对齐。

"左缩进"按钮 ▪▤：用于设置段落左侧的缩进量。

"右缩进"按钮 ▤▪：用于设置段落右侧的缩进量。

"首行缩进"按钮 ▪▤：用于设置段落第一行的缩进量。

"段落前添加空格" ▪▤ 按钮：用于设置每段文本与前一段的距离。

"段落后添加空格" ▪▤ 按钮：用于设置每段文本与后一段的距离。

"避头尾法则"和"间距组合设置"：用于编排日语字符。

"连字"：勾选此复选项，允许使用连字符连接单词。

4．文字转换

由于文字在输入时独立存在于文字层中，而根据设计需要常常要将文字进行转换，包括点文字与段落文本的转换、文字层转变为普通层、文字轮廓与工作路径或形状层的转换等。

（1）点文字与段落文本的转换

确认要转换的文字图层为当前层，单击菜单"图层"→"文字"→"转换为点文字"或"转换为段落文本"命令，即可完成文字的转换。

（2）文字层转变为普通层

确认要转换的文字图层为当前层，单击菜单"图层"→"栅格化"→"文字"命令，即可将其转换为普通层。或用鼠标右键单击当前层，在其弹出的菜单中选择"栅格化文字"命令即可。

3.2.2　图层的基本知识

图层是利用 Photoshop 进行创作时最基础和最重要、使用最广泛的功能，每一幅图像的处理都离不开图层的合理利用。灵活地运用图层可以提高创作速度和效率，并且还可以制作出许多特殊的艺术效果。

1．图层概念

可以把图层设想为一张一张叠起来的透明胶片，每张胶片上面分别绘制了组成这个画面的各个部分，把每个胶片都重叠，从上而下俯视所有图层的时候就能形成图像的显示效果。单击菜单"窗口→图层"命令，打开图层面板，如图 3-17 所示为原图、图层面板、分解图三者之间的关系。

图 3-17　图层的关系

在图 3-17 中可以发现图层与图层之间在没有涂上色彩的地方永远是透明的。而现实中为什么要建立图层呢？因为如果我们在设计一幅作品完成时，发现其中的某个地方不是很合适，而且必须改正。Photoshop 里只需要将该图层删除并重新绘制即可，而不必从头再来。

除此之外，Photoshop 为图层赋予了许多管理功能，如图层可以任意移动、缩放、复制等属性，并能对图层中的对象制作特殊效果，如图层样式、图层混合模式、图层蒙版等，而这些操作不会影响其他图层的效果。

2．图层的基本操作

（1）图层面板

单击菜单"窗口"→"图层"命令可以打开图层面板，打开如图 3-18 所示文件，在其图层面板中可以看到在创作此图像时涉及到的不同图层及每个图层的效果。

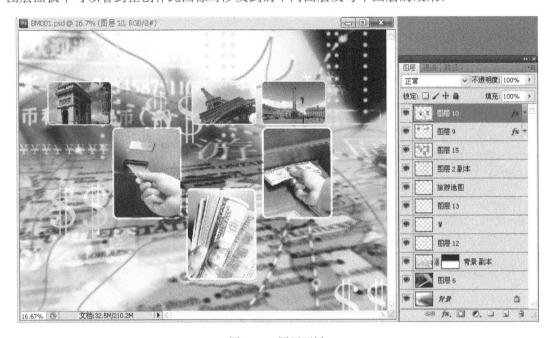

图 3-18　图层面板

（2）图层面板中的选项及按钮

"图层面板菜单"按钮 ：单击此按钮，可以弹出图层面板的下拉菜单。包括新建图层、删除图层、图层样式等命令。

"图层混合模式" 正常 ：用于设置当前图层中的图像与下面图层中的图像以何种模式进行混合。

"不透明度"：用于设置当前图层中图像的不透明度。数值越小，图像越透明；反之则图像越不透明。

"锁定透明图像"按钮 ：单击此按钮，可以使当前图层中的透明区域保持透明。

"锁定图像像素"按钮 ：单击此按钮，在当前图层中不能进行图形、图像绘制及其他命令操作。

"锁定位置"按钮 ：单击此按钮，可以将当前图层中的图像锁定而不被移动。

"锁定全部"按钮 ：单击此按钮，在当前图层中不能进行任何编辑、修改操作。

"填充"：用于设置图层中图形填充颜色的不透明度设置。

"显示/隐藏图层"图标 ：单击此图标，图标中的"眼睛"将被关闭，表示此图层处于不可见状态，反之为可见图层。

"图层缩略图"：图层中用于显示本图层的内容缩略图，它随着该图层中图像的变化而同步更新，以便用户在查找和进行图层处理时参考。

"图层组"：图层组是图层的组合，其作用相当于我们常说的"文件夹"，主要用于组织和管理图层。移动或复制图层组时，其里面的内容可以同时被执行命令。

在图层面板的底部有 7 个按钮，其作用分别为。

"连接图层"按钮：通过链接两个或多个图层，可以一起移动链接图层中的内容，也可以对链接图层执行对齐与分布、合并图层等操作。

"添加图层样式"按钮：可以对当前图层中的对象添加各种效果。

"添加图层蒙版"按钮：可以给当前图层添加蒙版。如果先在图像中创建适当的选区，再单击此按钮，可以根据选区范围在当前图层上建立适当的图层面板。

"创建新的填充或调整图层"按钮：可在当前图层上添加一个调整图层，对当前图层下边的图层进行色调、明暗等颜色效果调整。

"创建新组"按钮：可以在图层面板中创建一个新的序列，序列类似于"文件夹"，方便图层的管理和查询。

"创建新图层"按钮：可在当前图层上创建新图层。

"删除图层"按钮：可将当前图层删除。

（3）图层模式简介

图层面板中的模式设置非常重要，合理的设置有利于图层之间效果的展示。除了常使用的"正常"模式外，如图 3-19 所示还包括以下几种形式。

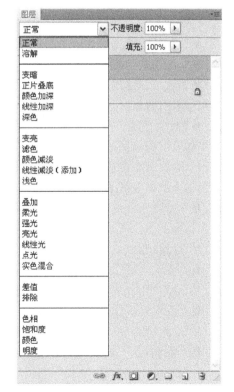

图 3-19　图层模式

- "正常"模式：利用该模式将直接用目标图层的像素代替其下一图层的像素。如果将"不透明"值设为 100%，则完全代替；如"不透明"值小于 100%，则底层图层的部分像素将会显露出来。

- "溶解"模式：利用该模式能使活动图层上柔化区域内的像素随机地分布，图像中羽化区域和消除锯齿边的部分将 100%溶解，而不透明部分将完全不溶解。

- "变暗"模式：采用该模式可将像素色相值高的图层加深。

- "正片叠底"模式：该模式是把图层按颜色的深浅，对应不同的透明度重叠起来，它可将当前图层的值与该图层或其下面图层的像素值叠加在一起，在效果上使它们色彩加深。

- "颜色加深"模式：使用该模式可以产生一种完全暗化的效果，从而得到高对比度的压印效果。

- "线性加深"模式：使用该模式可以产生一种以背景色的主色调为主，使图像颜色加深的渐变效果。

- "深色"模式：使用该模式可以产生一种以背景色中较深的色调替换图像中相对应的浅色调。
- "变亮"模式：该模式将两个图层对应位置的像素色相值进行比较，如果底层图层的像素色相值低，则加亮，与"变暗"模式相反。
- "滤色"模式：采用该模式能够产生一幅比较亮的图像，将当前层的像素值加到下面图层的像素值上。
- "颜色减淡"模式：采用该模式可以使图像上每种颜色的亮度都倍增。
- "线性减淡"模式：使用该模式可以产生一种与"线性加深"命令相反的效果。
- "浅色"模式：使用该模式可以产生一种以背景色中较浅的色调替换图像中相对应的深色调。
- "叠加"模式：在"叠加"模式下，上面的图层中较亮的区域与下面的图层中较亮的区域一起被漂白，而较暗的区域被重叠。
- "柔光"模式：采用"柔光"模式将使黑色更黑，而使白色更白。
- "强光"模式：采用"强光"模式将根据强光图层的颜色重叠较暗的区域，漂白较亮的区域。

"叠加"、"柔光"、"强光"这 3 种模式都是将图层中的暗调颜色加倍变暗。但它们的侧重点不同，"叠加"倾向于合成像素，而"强光"偏向于分层的像素，"柔光"则只是相对而言，可呈现对比度较低的效果。

- "亮光"模式：采用该模式能够使画面中的暗部和亮部形成鲜明的对比。
- "线性光"模式：采用该模式产生的效果比"亮光"命令更强烈。
- "点光"模式：采用该模式产生的效果比"线性光"命令更强烈，使图层达到近似透明的效果。
- "实色混合"模式：实色混合模式对于一个图像本身是具有不确定性的。采用该模式后，当前图层图像的颜色会和下一层图层图像中的颜色进行混合，通常情况下，当混合两个图层以后结果是亮色更加亮了，暗色更加暗了，降低填充不透明度能使混合结果变得柔和。
- "差值"模式：该模式取决于活动图层像素值的大小，活动图层为白色时将完全反相背景色，活动图层为黑色时则完全不反相背景色，处于中间的颜色则按不同程度进行反相。
- "排除"模式：该模式将活动图层的色泽和饱和度与底图层的亮度结合起来，"排除"模式经常用于灰阶图像的彩色化。
- "色相"模式：采用"色相"模式保持两个图层的明暗度与饱和度不变，仅影响它们的色调。
- "饱和度"模式：采用"饱和度"模式，上面图层的饱和度将替代下面图层的饱和度。
- "颜色"模式：在"颜色"模式下，明暗度将保持不变，而下面图层的色调与饱和度受上面图层颜色的影响。
- "明度"模式：在"亮度"模式下，将保持下面图层的色调与饱和度不变，同时根据上面图层的明暗度影响下面的图层。

（4）图层的操作

单击"图层"菜单命令，弹出如图 3-20 所示下拉菜单。

图 3-20　"图层"下拉菜单

① "新建图层"命令

选择菜单"图层"→"新建"命令，弹出如图 3-21 所示的菜单。

选择"图层"命令，系统弹出图 3-22 所示的"新建图层"对话框。在此对话框中，可以对新建图层的颜色、模式和不透明度进行设置。

图 3-22　"新建图层"对话框　　　　　　图 3-21　"新建"菜单

选择"背景图层"命令，可以将背景图层（通常背景层被锁定）改为普通层，此时"背景图层"变为"图层背景"命令，反之则二者互换名称。

选择"组"命令，弹出如图 3-23 所示的"新建组"对话框。在此对话框中可以新建一个图层组。

图 3-23　"新建组"对话框

选择"从图层建立组"命令，则弹出同样的对话框；而选择的图层或当前层及连接层自动生成图层组。

选择"通过拷贝的图层"命令，可以将当前选区中的图像通过复制生成一个新的图层，且原画面不被破坏。

选择"通过剪切的图层"命令，可以将当前选区中的图像通过剪切生成一个新的图层，且原画面被破坏。

提示：单击图层面板下方选择新建图层或者新建图层组按钮，可直接生成新的图层。

选择"拷贝"→"粘贴"命令也可生成新的图层。

选择菜单"文件"→"置入"命令，可以将选择的图像作为智能对象置入当前文件中，且生成一个新的图层。

②"复制/删除图层"命令

当需要复制一个完全相同的图层的时候，在选中该图层后，单击鼠标右键选择复制图层或者删除图层选项，或者将其拖移至图层面板底部的"创建新图层"或"删除图层"按钮中，同样可以完成上述操作。

图层可以在当前文件中复制。也可以不同文件之间执行。单击要复制的图层，按住鼠标左键将其拖移至目标文件中，松开鼠标左键即可完成并生成新的图层。

提示：将图层复制到另外文件中时，两个文件的分辨率不同时，则复制的图层视觉效果也会不同。

③"图层属性"命令

利用"图层属性"命令可以将图层重新命名或标记图层颜色，用来与其他图层加以区别。其方法有 3 种。

● 选择菜单"图层"→"图层属性"命令。
● 在图层面板菜单中选择"图层属性"命令。
● 在要设置的图层上单击鼠标右键，在弹出的菜单中选择"图层属性"命令。

执行上述任一操作时，弹出"图层属性"对话框中，如图 3-24 所示。

图 3-24 "图层属性"对话框

"名称"：给图层命名。

"颜色"：在其下拉列表中可选择不同颜色为不同图层做标记，方便用户管理图层。

④"图层样式"命令

选择菜单"图层"→"图层样式"→"混合选项"命令，如图 3-25 所示的图层样式面板中包含：投影、内阴影、外发光、内发光、斜面浮雕、等高线、纹理、光泽、颜色叠加、渐变叠加、图案叠加、描边等图层样式。这些图层样式可以独自使用，也可以混合使用。合理搭配使用这些样式可以创造出千变万化的效果。

● "投影"样式：该效果主要是填充图层内容的投影。
● "内阴影"样式：该效果主要是在图层内容边缘的内部增加投影，从而产生凹陷的效果。
● "外发光"样式：该效果主要是在图层内容边缘的外部增加发光效果。
● "内发光"样式：该效果主要是在图层内容边缘的内部增加发光效果。
● "斜面和浮雕"样式：该效果主要是为图层增加不同组合方式的高亮和阴影效果，它包括"等高线"、"纹理"两个选项。
● "光泽"样式：该效果主要是使图案表面光滑。
● "颜色叠加"样式：该效果主要是允许用户自行设定颜色进行填充。

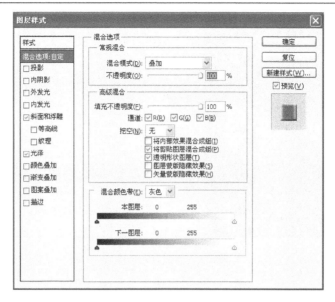

图 3-25　"图层样式"面板

● "渐变叠加"样式：该效果主要是允许用户自行设定渐变颜色进行填充。
● "图案叠加"样式：该效果主要是允许用户自行设定图案进行填充。
● "描边"样式：该效果主要是允许用户使用笔触进行描边填充。

"预览"复选框也是十分重要的，请用户在使用时要注意打开，便于一边调整参数值，一边观察效果。

效果运用

如图 3-26 所示为新建文件并绘制圆形选区，激活渐变工具并填充渐变色的效果。

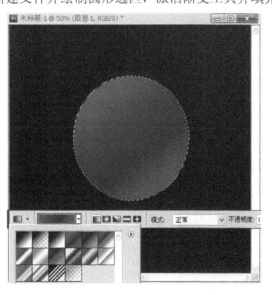

图 3-26　绘制并填充选区

选择菜单"图层→图层样式→混合选项"命令，依次改变参数设置，效果如图 3-27 至图 3-30 所示。当然其他命令仍可以继续添加。

Photoshop CS5 案例教程

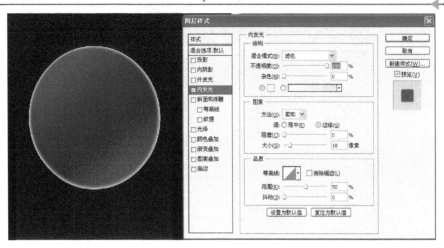

图 3-27 "内发光"样式

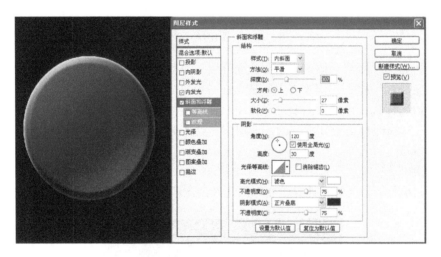

图 3-28 "斜面与浮雕"样式

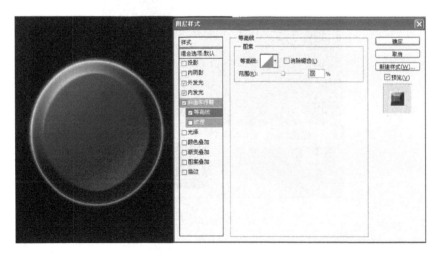

图 3-29 "等高线"样式

52

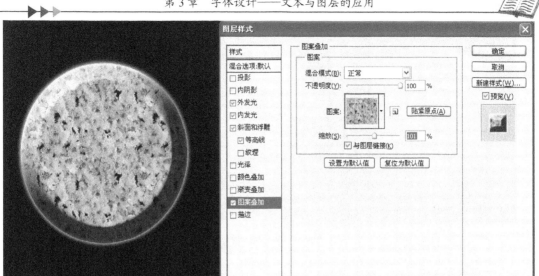

图 3-30 "图案叠加"样式

也可以直接采用 Photoshop 软件中预设的样式。选择菜单"窗口→样式"命令，打开"样式"浮动面板，如图 3-31 所示，从中可以添加许多固有的样式。单击任意样式即可对原有效果进行变化，效果如图 3-32 所示。

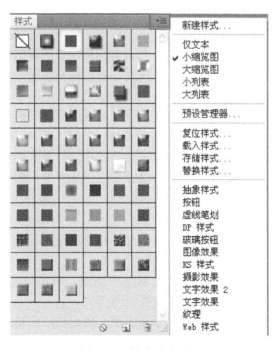

图 3-31 样式浮动面板

⑤ "智能滤镜"命令：此命令可以让用户对智能滤镜层进行停用、启用或清除等。

⑥ "新建填充图层"命令：建立新的填充图层，包括纯色、渐变和图案填充图层。

⑦ "新建调整图层"命令：在图像中建立新的调整图层。

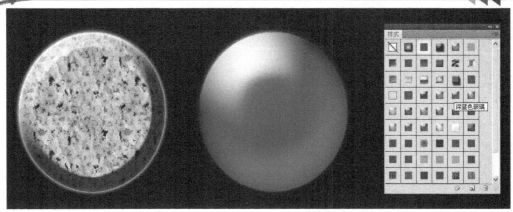

图 3-32　样式效果

⑧ "图层内容选项"命令：该命令只有在当前图层为填充图层或调整图层时才有效，用于修改填充图层和调整图层的选项。

⑨ "图层蒙版"命令：此命令可以在当前图层中添加图层蒙版。

⑩ "矢量蒙版"命令：在当前图层中添加矢量蒙版，矢量蒙版是在当前图层中将路径范围作为图层蒙版使用。

⑪ "创建剪贴蒙版/释放剪贴蒙版"命令：将当前图层与下方图层创建剪贴蒙版组，以下方图像的不透明区域显示上方的图像。一个剪贴蒙版组可以只有两层，也可以有多层，但剪贴蒙版组中所有图层的堆叠必须是相连的。选择剪贴蒙版图层时，此命令显示为"释放剪贴蒙版"，用于取消剪贴蒙版组。

⑫ "智能对象"命令：智能对象类似一种具有矢量性质的容器，在其中可以嵌入栅格或矢量图像数据。将图像转换为智能对象后，无论进行怎样的编辑，其仍然可以保留原图像的所有数据，保护原图像不会受到破坏。

⑬ "视频图层"命令：该命令可将图像转换为视频图层，转换后可使用画笔工具和图章工具在各个帧上进行绘制和仿制，还可以应用滤镜、蒙版、变换、图层样式和混合模式以及对视频图层进行编组等操作。打开视频文件，将在"图层"面板中自动创建视频图层。

⑭ "文字"命令：该命令只有在当前层为文字层时才有效，用于修改和调整文字图层的效果。

⑮ "栅格化"命令：对于包含矢量数据的图层，如文字图层、形状图层或蒙版图层等，不能使用绘画工具或滤镜命令等直接在这种类型的图层中进行编辑，只有将其栅格化才能使用，如图 3-33 所示。

栅格化文字图层有两个方法，一是可以选中图层，单击鼠标右键选择栅格化图层命令，二是在单击菜单"图层→栅格化→文字"命令即可。

⑯ "新建基于图层的切片"命令：可以根据图层创建相应的切片。

⑰ "图层编组"命令：将选择的图层添加到组中。

⑱ "取消图层编组"命令：当选择图层组时，执行此命令，将取消图层组。

⑲ "隐藏图层/显示图层"命令：将当前层隐藏；如为隐藏图层，可将其显示。相当于单击"图层"面板中图层名称前面的 👁 图标。

⑳ "排列"命令：图层的堆砌顺序对作品的效果有着直接的影响，因此在作品创作过程

中，必须合理调整图层之间的叠放顺序，其方法有两种。

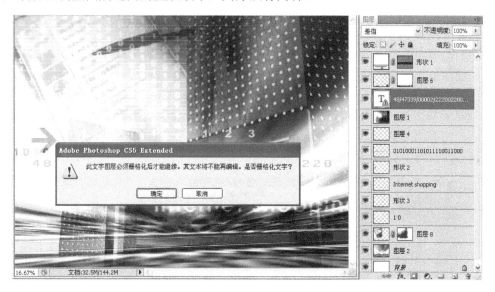

图 3-33 "栅格化"文字

● 选择要调整顺序的图层，如图 3-34 所示，选择相应选项，或按住鼠标左键将其拖移至位置即可。

● 如果选择多个图层，可按住 Shift 键依次单击要选择的图层，然后再调整上下关系。

○21 "对齐"与"分布"图层命令

该命令适合于以当前图层为依据，将当前图层与同时选取的或链接的图层进行对齐与分布（同时也可以是选区与图层之间的关系调整）。

图层的"对齐"：图层面板中至少有两个图层被同时选择，且背景层不处于链接状态时，图层的"对齐"命令方可使用。单击菜单"图层"→"对齐"命令，在其弹出下拉菜单中选择要执行的命令，如图 3-35 所示。

图层的"分布"：图层面板中至少有 3 个图层被同时选择，且背景层不处于链接状态时，图层的"分布"命令方可使用。单击菜单"图层"→"分布"命令，在其弹出下拉菜单中选择要执行的命令，如图 3-36 所示。

图 3-34　调整图层顺序　　　图 3-35　"对齐"下拉菜单　　　图 3-36　"分布"下拉菜单

○22 "锁定图层"命令：设置图层的锁定选项，包括透明、图像、位置或将其全部锁定。

○23 "链接图层/取消链接图层"命令：选择两个或两个以上的图层时，单击菜单"图层"→"链接图层"命令，可将选择的图层链接；如果同时选择链接图层的所有图层，执行"取消链接图层"命令，将取消图层的链接设置。

㉔ "选择链接图层"命令：如果选择链接图层中的某一图层，执行此命令，可将链接图层中的所有图层同时选择。

㉕ "合并图层"与"合并可见图层"命令

在进行设计的时候，许多图形分布在不同的图层上面，对于一部分已经完成，且不需要修改的图像就可以用"合并图层"命令把它们合并在一起，这样有利于对图层的管理，也减少文件的信息量。合并后的图层中所有透明区域的重叠部分仍保持透明。如果合并全部图层，可选择菜单中的"拼合图像"命令，如果是其中几个图层合并则可以先使用图层面板中的"显示"/"隐藏"按钮，将不需要合并的图层隐藏，再使用菜单中的"合并可见图层"命令完成合并，如图 3-37 所示。

图 3-37 "合并可见图层"命令

㉖ "拼合图像"命令：将当前图像中的所有图层合并，并将其设置为背景层

㉗ 图像"修边"命令

在移动或复制选区内的图像时，选区周围的一些边缘像素也会包含在选区内，这会使移动位置或复制出的图像边缘产生杂色边缘或晕圈，单击菜单"图层"→"修边"→"去边"命令，在其弹出的下拉菜单中选择要执行的命令即可，如图 3-38 所示。如果选择"去边"命令，则弹出如图 3-39 所示的对话框，改变参数即可完成。

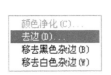

图 3-38 "去边"下拉菜单

图 3-39 "去边"对话框

3．智能对象

使用"置入"命令置入的图像，会出现在当前图像文件中央位置，并且保持其原始长宽比例；如果图片比当前图像大，将被重新调整到合适的尺寸。另外，在确认置入的图像

前，还可以对其进行移动、缩放、旋转或倾斜操作，以满足设计的需要。

智能对象实际上是一个嵌入在另一个文件中的文件，当在图层面板中将一个或多个图层创建为智能对象时，实际上创建了一个嵌入在当前文件中的新文件。

通过"置入"命令置入图像生成的图层为智能图层，即允许用户编辑其源文件。单击菜单"图层"→"智能对象"→"编辑内容"命令，源文件将会在 Photoshop（如果源文件是位图图像）或 Illustrator（如果源文件是为矢量 PDF 或 EPS 数据）中打开，更新并存储了源文件后，编辑结果将会显示在当前的图像文件中。另外，选择菜单"图层"→"智能对象"→"转换到图层"命令后，智能对象将转换为普通层，此时将不能直接对图像的源文件进行编辑。

（1）创建"智能图层"有多种方法

● 在 Photoshop 中打开如图 3-40 所示图像，在图层面板中选取"背景"图层，选择菜单"图层"→"智能对象"→"转换为智能对象"命令，在图层面板中智能对象图层的缩览图上会显示，如图 3-41 所示。如果同时选取了多个图层，如图 3-42 所示，执行"转换为智能对象"命令，这些图层被打包到一个智能图层中，如图 3-43 所示。

图 3-40　显示智能对象

图 3-41　选择智能层

图 3-42　选择多个层

图 3-43　生成智能层

● 将图片从 Illustrator 中拷贝并粘贴到 Photoshop 文件中。使用此方法要注意在

Illustrator 中执行菜单"编辑"→"参数设置"→"文件和剪贴板"命令,在其对话框中,要勾选"PDF"和"AICB"两个选项,否则将图片粘贴到 Photoshop 中时,会将其自动栅格化。

● 将图片从 Illustrator 中直接拖到 Photoshop 文件中。

提示: 对智能对象可以应用变换、图层样式、滤镜、不透明度和混合模式等任意的命令操作,当编辑了智能对象的源数据后,可以将这些编辑操作更新到智能对象图层中。如果当前智能对象是一个包含多个图层的复合智能对象,这些编辑可以更新到智能对象的每一个图层中。

(2)导出内容

选择"图层"→"智能对象"→"导出内容"命令,可以将智能对象的内容完全按照源图片所具有的属性进行存储,其存储的格式有"psb"、"pdf"和"jpg"等。

提示: 源图像的性质不同,执行此命令弹出的保存格式也各不相同。

(3)替换内容

选择菜单"图层"→"智能对象"→"替换内容"命令,可以将当前选择的智能对象中的内容替换成新的内容。

确认转换为智能对象的"图层"为当前层,选择"图层"→"智能对象"→"替换内容"命令(也可单击鼠标右键),在弹出的"置入"对话框中选择替换文件,单击"确定"按钮,即可替换智能对象图层中的图像,按 Ctrl+T 组合键,利用"自由变换"命令调整图像的大小,调整后的效果及图层面板如图 3-44 所示。

图 3-44　调整智能层

3.3　实例解析

3.3.1　@字体设计

（1）新建文件，设置颜色模式为 RGB，分辨率为 72，其他参数设置如图 3-45 所示。

（2）如图 3-46 所示，设置前景色为深蓝色，选择菜单"编辑"→"填充"命令，在弹出的对话框中选择前景色，单击"确定"按钮即可。

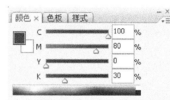

图 3-45　"新建"对话框　　　　　　　　图 3-46　设定颜色

（3）激活工具箱中的"横排文字"工具，如图 3-47 所示，在画面中输入符号"@"。

（4）在图层面板中，单击底部的"添加图层样式"按钮，选择"斜面和浮雕"选项，在其对话框中设置如图 3-48 所示参数。

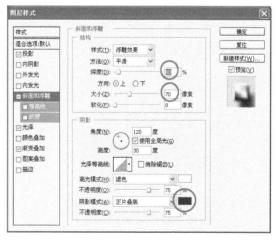

图 3-47　输入文字　　　　　　　　　图 3-48　"图层样式"对话框

（5）选择"光泽等高线"选项，参数设置如图 3-49 所示。

（6）选择"渐变叠加"选项，参数设置如图 3-50 所示。

（7）选择"光泽"选项，设置等高线参数如图 3-51 所示。

（8）添加"投影"，参数设置如图 3-52 所示。

（9）如图 3-53 所示，此时图层添加了 4 种样式，其效果如图 3-54 所示。

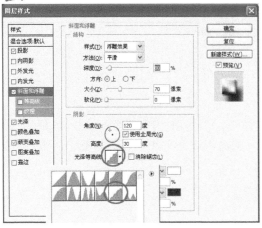

图 3-49 "光泽等高线"图层样式

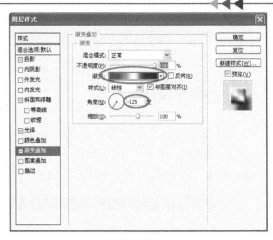

图 3-50 "渐变叠加"图层样式

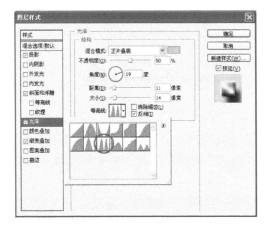

图 3-51 "光泽"图层样式

图 3-52 "投影"图层样式

图 3-53 图层面板

图 3-54 图层效果

（10）激活工具箱中的"横排文字"工具，在画面右下角输入英文字母".com"，效果如图 3-55 所示。

（11）以".com"层为当前层，设置"颜色叠加"图层样式，如图 3-56 所示，颜色设置为蓝色。

图 3-55　输入文字

图 3-56　"颜色叠加"图层样式

（12）添加"内阴影"图层样式，参数设置如图 3-57 所示。

（13）添加"外发光"图层样式。颜色设置为淡粉色，其他参数设置如图 3-58 所示。

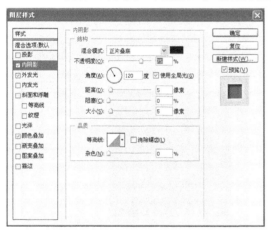

图 3-57　"内阴影"图层样式

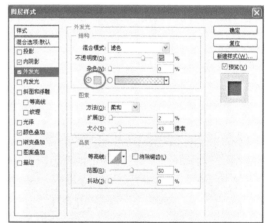

图 3-58　"外发光"图层样式

（14）如图 3-59 所示，此时字母层共添加 3 种图层样式，效果如图 3-60 所示。

图 3-59　图层面板

图 3-60　图层效果

（15）如图 3-61 所示，在图层面板中，以"背景"层为当前选择层。

（16）选择菜单"滤镜"→"渲染"→"光照效果"命令，设置如图 3-62 所示参数。

（17）单击"确定"，则添加光照效果后的背景效果如图 3-63 所示。

图 3-61　选定当前图层

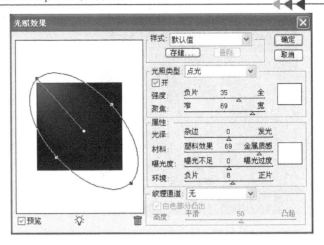

图 3-62　"光照效果"对话框

（18）选择菜单"滤镜"→"渲染"→"镜头光晕"命令，设置如图 3-64 所示参数。

（19）单击"确定"按钮，则添加添加镜头光晕后的背景效果如图 3-7 所示。

图 3-63　光照效果

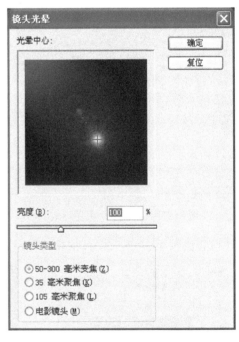

图 3-64　"镜头光晕"对话框

3.3.2　玻璃字效果制作

（1）新建文件，设置颜色模式为 RGB，分辨率为 72，其他参数设置如图 3-65 所示。

（2）前景色设置为深蓝色，背景色设置为黑色，激活工具箱中的"渐变填充"工具，按住 Shift 键从上至下做线性渐变填充，效果如图 3-66 所示。

（3）如图 3-67 所示，在图层面板中新建图层"图层 1"。

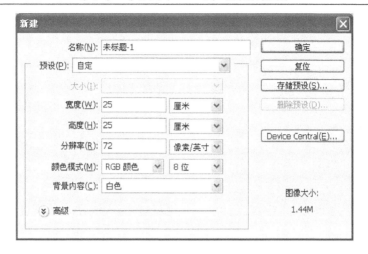

图 3-65 "新建"对话框

图 3-66 填充渐变色

图 3-67 新建图层

（4）激活工具箱中的"椭圆工具"，在"椭圆工具"相应的属性栏中单击"路径"按钮，如图 3-68 所示。

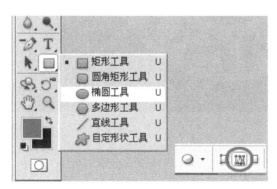

图 3-68 路经按钮

（5）激活椭圆路径工具，按住 Shift 键，如图 3-69 所示，在画面中心位置绘制一个正圆形路径。

（6）激活工具箱中的"横排文字"工具，在路径上面单击插入光标并输入大写英文字母"2010POTOSHOPCS5"，如图 3-70 所示。

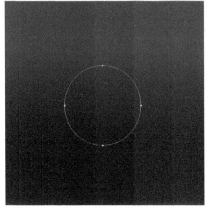

图 3-69 绘制路径

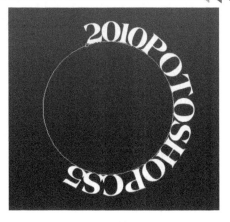

图 3-70 输入文字

（7）将输入的文字全选，打开字符面板，如图 3-71 所示，调整文字大小、字体和字间距，如图 3-72 所示。

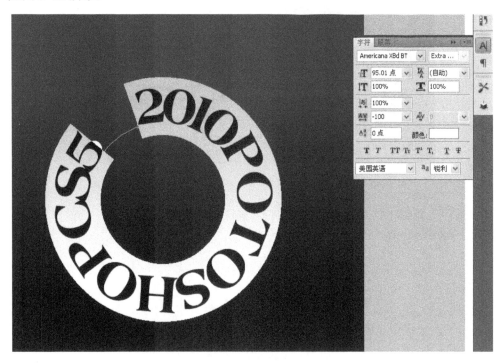

图 3-71 全选文字

（8）选择菜单"图层"→"栅格化"→"文字"命令，如图 3-73 所示，将文字层转化为普通层。

（9）按组合键 Ctrl+T，将鼠标指向控制框的外角旋转文字，使文字缺口部分朝向左下角，如图 3-74 所示。

（10）选择菜单"编辑"→"变换"→"扭曲"命令，如图 3-75 所示进行调整。

（11）选择菜单"选择"→"载入选区"命令，在弹出的对话框中，如图 3-76 所示设置选项，然后单击"确定"按钮，载入文字选区。

图 3-72　栅格化文字　　　　　　　　　图 3-73　转化为普通层

图 3-74　旋转文字　　　　　　　　　　　图 3-75　扭曲文字

（12）激活工具箱中的"渐变填充"工具，在属性栏中单击弹出"渐变编辑器"对话框，在其对话框中设置如图 3-77 所示彩虹渐变效果，并单击"新建"按钮将渐变效果保存以备他用。

图 3-76　"载入选区"对话框　　　　　　图 3-77　"渐变编辑器"对话框

（13）拖动鼠标自左上至右下填充渐变色，如图 3-78 所示。

（14）激活工具箱中的"移动"工具，按住 Alt 键，然后单击"↑"键，向上移动，直到拖移出如图 3-79 所示的效果。

图 3-78　填充渐变色　　　　　　　　　　图 3-79　拖移文字

（15）如图 3-80 所示，选择菜单"选择"→"反向"命令，将选区反选。

（16）选择菜单"图像"→"调整"→"色阶"命令，在其弹出的对话框中，如图 3-81 所示设置输出色阶参数。

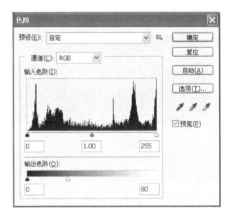

图 3-80　"反向"命令　　　　　　　　　　图 3-81　"色阶"对话框

（17）单击"确定"按钮，再次选择"选择"→"反向"命令，效果如图 3-82 所示。

（18）选择菜单"选择"→"储存选区"命令，弹出对话框如图 3-83 所示。

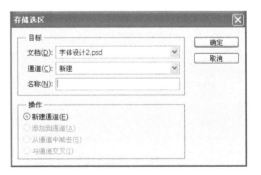

图 3-82　反向选区　　　　　　　　　　图 3-83　"存储选区"对话框

（19）选择"菜单"→"编辑"→"描边"命令，在"描边"对话框中，如图 3-84 所示，设置宽度为"1"，选择"居中"位置，单击"确定"按钮。

（20）激活工具箱中的"移动"工具，按住 Alt 键，然后按"↑"键，直到拖移出如图 3-85 所示的效果。

图 3-84 "描边"对话框

图 3-85 拖移文字

（21）选择菜单"图像"→"调整"→"色阶"，设置输出色阶参数如图 3-86 所示。

（22）单击"确定"按钮，则调整色阶后的效果如图 3-87 所示。

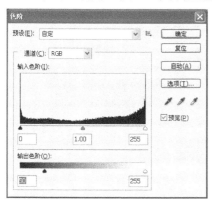

图 3-86 "色阶"对话框

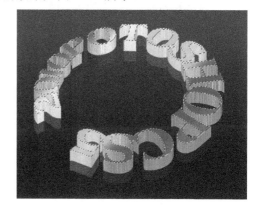

图 3-87 调整色阶效果

（23）选择菜单"选择"→"载入选区"命令，如图 3-88 所示的"载入选区"对话框中，在"通道"选项，选择刚刚储存的"Alpha1"通道。

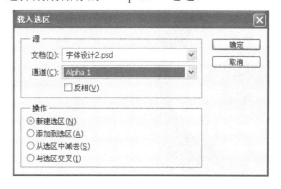

图 3-88 "载入选区"对话框

（24）单击"确定"按钮，则载入选区效果如图 3-89 所示。

（25）选择菜单"图像"→"调整"→"色相/饱和度"命令，如图 3-90 所示的对话框中调整色相数值。

图 3-89　载入选区效果　　　　　　　图 3-90　"色相/饱和度"对话框

（26）单击"确定"按钮，则调整色相后的效果如图 3-91 所示。

（27）如图 3-92 所示，在图层面板中，复制文字图层，并单击"锁定"按钮。

图 3-91　调整效果　　　　　　　　　图 3-92　锁定透明层

（28）选择菜单"编辑"→"填充"命令，在弹出的对话框中选择填充白色选项，单击"确定"按钮，效果如图 3-93 所示。

（29）如图 3-94 所示，选择菜单"图像"→"图像旋转"→"90 度（顺时针）"命令。

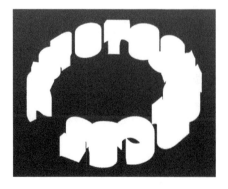

图 3-93　填充色彩　　　　　　　　　图 3-94　旋转对象

（30）选择菜单"滤镜"→"风格化"→"风"命令，如图 3-95 所示设置参数。单击"确定"按钮，效果如图 3-96 所示。

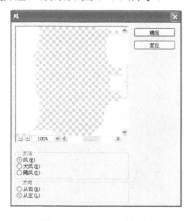

图 3-95　"风"对话框

图 3-96　"风"效果

（31）再重复执行"风"命令多次，直到呈现出如图 3-97 所示的效果。

（32）如图 3-98 所示，在图层面板中，再次复制文字层。

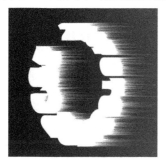

图 3-97　"风"效果

图 3-98　复制图层

（33）再次执行"风"命令，设置如图 3-99 所示的参数（上次选择"从左"，这次选择"从右"）。

（34）再重复执行"风"命令多次，直到呈现出如图 3-100 所示效果。然后将图像旋转 90 度（逆时针）。

图 3-99　"风"对话框

图 3-100　"风"效果

（35）如图 3-101 所示，在图层面板中，将文字层放置在最顶层。

（36）如图 3-102 所示，以文字层副本为当前选择层，设置不透明度为 50%，此时效果如图 3-103 所示。

图 3-101　调整图层

图 3-102　改变透明度

（37）如图 3-104 所示，以文字层副本 2 为当前选择层，单击"锁定"按钮。

图 3-103　效果

图 3-104　锁定透明层

（38）按住 Shift 键，自上而下填充设置的彩虹渐变色，效果如图 3-105 所示。

（39）如图 3-106 所示，调整不透明度为 40%，此时效果如图 3-8 所示。

图 3-105　绘制渐变色

图 3-106　改变透明度

3.4 常用小技巧

1．合并可见图层时按 Ctrl+Alt+Shift+E 组合键可把所有可见图层复制一份后合并到当前图层。同样可以在合并图层的时候按住 Alt 键，会把当前层复制一份后合并到前一个图层，但是 Ctrl+Alt+E 这个组合键这时并不能起作用。

2．移动图层和选区时，按住 Shift 键可做水平、垂直或 45 度角的移动；按键盘上的方向键可每次移动 1 个像素；按住 Shift 键后再按键盘上的方向键可每次移动 10 个像素。

3．在图层、通道、路径面板上，按 Alt 键单击这些面板底部的工具按钮时，对于有对话框的工具可弹出相应的对话框更改设置。

4．按住 Ctrl 键的同时，激活移动工具，单击某个图层上的对象，就会自动地切换到该对象所在的图层。

3.5 相关知识链接

1．字体设计范围

一般的字体设计范围包括书法字体、装饰字体、英文字体 3 个方面，如图 3-107 所示。

书法字体：在 VI 设计中具有易识别的特点，例如海尔、中国银行等公司名的标志。书法在我国拥有 3000 年历史，其独特的表现形式为字体设计提供了很多依据和素材。

装饰字体：装饰字体是在基本字的形体结构基础上进行美化加工，具有美观大方和应用范围广泛的特点，例如太太口服液的标志等。

图 3-107 装饰字体

英文字体：企业的 LOGO 多为中英文两种字体，这样便于企业文化的推广与在不国家地区的广告宣传使用，例如可口可乐等公司的 LOGO。

2．字体设计原则

文字个性：文字的个性要使字体设计符合被设计物体的的风格特征。文字的设计如果与被设计物体的属性不吻合，就不能完整的表达出其性质，也就失去了设计的意义，一般来说可分为简洁现代、华丽高雅、古朴庄重、活泼俏皮、清新明快等，如图 3-108 所示。

文字可读性：文字存在的意义就是向阅读者提供意识和信息。我们在设计中要达到这个效果就要考虑整体的诉求效果，要给人以明确的意识。虽然设计要给人以独特的感觉，但是如果失去可读性，那设计就无从谈起，注定以失败告终。

文字美感：设计的美感在视觉传达的方面要突出设计的独特美，文字是画面的主要构成，具有传达设计情感的功能，首要的任务就是要带给欣赏设计的人以美的感受。

字体创造性：字体要与众不同，这样才能使观看设计的人产生深刻的印象，产生独具特色的视觉记忆。设计的时候应该从结构、笔画、组合、形体等多方面考虑，创造一种新颖、特别的美感。这样才可以让字体设计能为人熟知和记忆，才能传达被设计物体的整体形象。

图 3-108 个性字体

第4章

标志设计——选择区域的应用

标志是具有识别和传达信息作用的象征性视觉符号，它以深刻的理念、优美的形象和完整的构图给人们留下深刻的印象和记忆，从而达到传递某种信息、识别某种形象的目的。在社会活动中，一个明确而独特、简洁而优美的标志作为识别形象是极为重要的。它不仅能提高人们的注意力，加深人们的记忆，而且会获得巨大的社会效益与经济效益。商标标志能帮助产品建立信誉，增强知名度，如图4-1和图4-2所示。

图4-1　麦当劳标志

图4-2　可口可乐标志

　　标志的标准符号性质，决定了标志的主要功能是象征性、代表性，其目的主要是信息传达。理想的传达效果是信息传达者使其图形化的传达内容与信息接收者所理解和解释的意义相一致。所以在设计标志时应突出标志的以下特点。

● 突出商品个性化特征
● 保证质量信誉
● 认牌购货的作用
● 广告宣传

- 美化产品
- 国际交流
- 安全引导
- 具有企业的文化特点

4.1 标志设计案例分析

1．创意过程

标志的功能归纳起来有以下几点。

- 识别功能：通过本身所具有的视觉符号形象，产生识别作用，方便人们的认识和选择。靠这种功能增强各种社会活动与经济活动的识别能力，以树立有别于其他的形象。
- 象征功能：标志本身所具有的象征性图形，代表了某一社会集团的形象，体现出权威性、信誉感。在某种意义上讲，作为象征性图形标志是与某一社会集团的命运息息相关的。
- 审美功能：标志由构思巧妙、图形完美的视觉图形符号所构成，体现出审美的要素，满足视觉上的美感享受。标志的第一要素即为美，离开了美的图形，也就失去了标志存在的意义。
- 凝聚功能：标志总是象征着某一社会团体，代表着某一社会团体的利益和形象。它在一定程度上强化着这一社会集团的凝聚力，使群体充满自信感和自豪感，并为之尽职尽责、尽心尽力。

金属质感的表现一直是 Photoshop 最擅长的技能之一，运用 Photoshop 的指令配合，可以制作出各种各样，丰富多彩的不同金属质感的形态。图 4-3 所示的标志运用了铜的金属质感，这一带有怀旧色彩的材质表现具有古典风格的标志是再合适不过的。

图 4-3 PURE 标志

2．所用知识点

图 4-3 所示的标志中，主要用到了 Photoshop CS5 软件中的椭圆选框工具、渐变填充工

具、图层样式命令、橡皮工具、滤镜命令、变形命令和图像调整命令。

3．制作分析

标志的制作可分为以下 4 个环节。

- 调研分析
- 要素挖掘
- 制作、调整
- 定稿

4.2　知识卡片

选区可以将对象的处理范围限制在指定的区域内，有效地帮助人们处理图像的局部。反之，操作就会对整个图像起作用。

在 Photoshop CS5 中创建选区的工具组主要有选框工具组、套索工具组和魔棒工具组，根据选择对象的不同，可分别采用不同的工具。

4.2.1　选框工具组

选框工具组是一组最基本的创建选区工具，包括矩形选框工具 、椭圆选框工具 及单行选框工具 和单列选框工具 。

1．矩形选框工具

工具箱中的矩形选框工具是基本的创建选区工具，它们主要用来创建规则的选区。激活矩形选框工具，在画面中单击并拖动鼠标即可创建矩形选区，其属性栏如图 4-4 所示。

图 4-4　矩形选框属性栏

（1）羽化：用来设置选区的羽化程度，羽化值越高，羽化的范围就越广。需要注意的是，此值必须小于选区的最小半径，否则将会弹出警告对话框，提示用户需要将选区创建得大一点，或将"羽化"值设置得小一点。通常情况下设置为 0，否则容易形成虚幻的边缘效果。

（2）样式：用来设置选区的创建方法。选择"正常"选项，可以通过拖动鼠标来创建任意大小的选区；选择"固定比例"选项，可以在右侧的"高度"和"宽度"文本框中输入数值，即可创建固定比例的选区。例如，要创建一个宽是高两倍的选区，输入宽度为 2、高度为 1；选择"固定大小"选项，可在"高度"和"宽度"文本框中输入相应的数值，然后在要绘制选区的地方单击鼠标即可。

（3）高度和宽度互换按钮 ：单击该按钮，即可切换"高度"和"宽度"的数值。

（4） 调整边缘 ：单击该按钮，可以打开"调整边缘"对话框，对边缘选区进行平滑、羽化等处理。

创建矩形选区

激活 工具，然后在文件中按下鼠标左键并拖动，松开鼠标后即可创建矩形选区，如

图 4-5 所示。按 Shift+Ctrl+I 组合键可将选区反选；按 Ctrl+D 组合键可去除选区。

在"羽化"选项右侧的文本框中输入数值后再绘制选区，可使创建选区的边缘变得模糊，填色后或编辑选区内的图像时会产生柔和的渐变边缘效果，如图 4-6 所示为对比效果。二者同时填充颜色后，效果如图 4-7 所示。

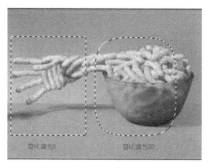

图 4-5　创建矩形选区　　　　　　图 4-6　创建羽化效果选区

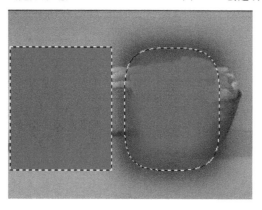

图 4-7　对比效果

在使用矩形工具创建选区时，按住 Alt 键拖动鼠标即可以单击点为中心向外绘制选区；按住 Shift 键可创建正方形选区；按住 Alt+Shift 组合键可从中心向外创建正方形选区。

在已有选区的情况下，按住 Shift 键或单击属性栏中的█按钮，再创建选区，形成加选区。如图 4-8 和图 4-9 所示。

按住 Alt 键或单击属性栏的█按钮，再创建选区，形成减选区，前提是两个选区必须有相交的区域，如图 4-10 和图 4-11 所示。

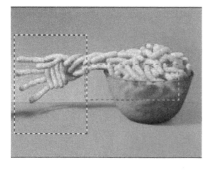
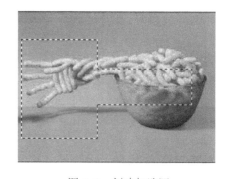

图 4-8　绘制加选区　　　　　　　图 4-9　创建加选区

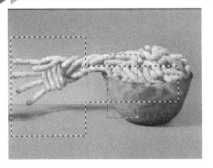

图 4-10 绘制减选区

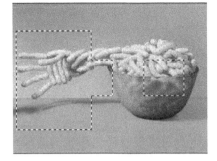

图 4-11 创建减选区

按 Shift+Alt 组合键或单击属性栏中的 按钮，再创建选区，形成相交选区，注意新创建的选区与原选区必须有相交的区域，如图 4-12 和图 4-13 所示。

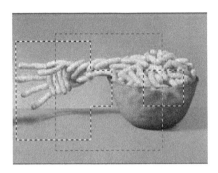

图 4-12 绘制相交选区

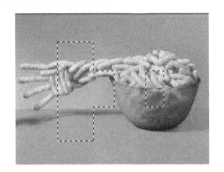

图 4-13 创建相交选区

2．椭圆选框工具

椭圆选框工具属性栏与矩形选框工具属性栏的选项相同，但是该工具可以使用"消除锯齿"功能。由于像素是图像的最小元素，并且为正方形，当创建圆形或多边形等不规则的选区时很容易产生锯齿。勾选该选项后，会自动在选区边缘 1 像素宽的范围内添加与周围相近的颜色，使选区变得光滑。由于只有边缘像素发生变化，所以不会丢失细节。"消除锯齿"功能在剪切、拷贝和粘贴选区以创建复合图像时非常有用。

创建椭圆选区

激活 工具，在文件中按下鼠标左键并拖动，即可创建一个椭圆形选区，在绘制选区时，可以按"空格"键调整选区的位置，让选区与图像对齐。

在绘制椭圆选区时，按住 Shift 键拖动鼠标可以创建圆形选区；按住 Alt 键则以鼠标左键单击点为中心向外创建选区；按住 Shift+Alt 组合键，则以鼠标左键单击点为中心向外绘制圆形选区。

3．单行选框工具

单行选框工具 只能创建 1 像素的行选区，激活该工具按钮后，在文件中单击鼠标即可创建高度为 1 像素的选区。

4．单列选框工具

单列选框工具 和单行选框工具的用法一样。单列选框工具和单行选框工具通常用来制作网格，按住 Shift 键可创建多个选区。

4.2.2 套索工具组

套索工具组是一组使用灵活、形状自由的选区绘制工具，包括套索工具 、多边形套索工具 和磁性套索工具 。

1. 套索工具

套索工具可以创建任意形状的选区，激活该 工具，在图片中按下鼠标左键并拖动即可绘制选区，当鼠标移动到起点时即可封闭选区，如图 4-14 和图 4-15 所示。

松开鼠标后直线连接

图 4-14　任意形状的选区绘制过程　　　　图 4-15　任意形状的选区绘制

如果在拖动鼠标时松开鼠标则起点与终点之间将会自动用直线连接。

提示： 在绘制过程中按住 Alt 键，松开鼠标左键即可切换为多边形套索工具 ，此时在画面中即可绘制直线；松开 Alt 键并按住鼠标左键即可恢复为套索工具 可继续绘制选区。

2. 多边形套索工具

多边形套索工具适合创建由直线构成的选区。激活该 工具，在对象的拐角处连续单击鼠标即可创建选区。打开如图 4-16 所示图像，根据设计需要将背景色替换为白色，只需在图中沿着物体的转折边缘依次单击绘制直线，定义选区的范围，最后将鼠标移动到起点处，光标变为 时单击鼠标左键，即可完成多边形选区的绘制，如图 4-17 所示。

图 4-16　打开原图

按 Ctrl+I 组合键将选区反选，然后按 Delete 键将选区内的图像删除，再按 Ctrl+D 组合键去除选区，即可将背景删除，效果如图 4-18 所示。

图 4-17　绘制选区

图 4-18　删除背景

提示：在使用多边形套索工具 时，按住 Alt 键可转换为 工具，放开 Alt 键可恢复为 工具。在创建选区时，如果按住 Shift 键，可锁定水平、垂直或 45° 角为增量进行绘制。如果在绘制的过程中双击则会在双击点和起点间用直线闭合选区。

3．磁性套索工具

磁性套索工具 具有自动识别对象边缘的功能，当对象的边缘比较清晰且与背景对比明显，则用磁性套索工具可以快速选择该对象，如图 4-19 所示为磁性套索工具的属性栏。

图 4-19　磁性套索工具属性栏

宽度：宽度值决定了以鼠标光标为基准，其周围有多少个像素能够被工具检测到，如果对象的边界清晰则可以选择较大的宽度值，反之则要选择较小的宽度值。

对比度：用来检测设置工具的灵敏度，较高的数值只检测与他们的环境对比鲜明的边缘；较低的数值则检测低对比度边缘。如果图像边缘清晰，可以将该值设置得高一些，反之，则需设置得低一些。

频率：在使用磁性套索工具创建选区时会产生许多锚点，而频率决定了锚点的数量，该值越高锚点越多，捕捉到的边界越准确，但是过多的锚点会造成边缘光滑度降低。

钢笔压力 ：如果计算机配置有数位板和压感笔，可以激活该按钮，则 Photoshop 会自动调整工具的监测范围，增大压力将会导致边缘宽度减小。

绘制选区

激活 工具，在打开图片的图像边缘位置单击，确定起点位置，然后松开鼠标并沿着图像边缘移动鼠标，即可创建如图 4-20 所示的吸附线形。将鼠标光标移到起点处单击，即可封闭线形生成选区，如图 4-21 所示。

图 4-20　创建吸附线形

图 4-21　生成选区

提示：在使用 工具时，按住 Alt 键在其他区域单击可以切换为 工具；按住 Alt 键并拖动鼠标，可切换为 工具；当需要在某一位置放置一个锚点时，可单击该处；按 Delete 键可以删除锚点；按 Esc 键可以清除所有锚点；在绘制过程中双击，则双击点和起点之间用直线连接。

4.2.3　魔棒工具组

Photoshop CS5 的魔棒工具组中提供了两种工具，一种是快速选择工具 ，一种是魔棒工具 ，利用这两个工具可以快速选择色彩变化大，且色调相近的区域。

1．快速选择工具

快速选择工具 是一种非常直观、灵活和快捷的选择工具，适合选择图像中较大的单色区域，如图 4-22 所示为快速选择工具的属性栏。

选区运算按钮：激活新选区按钮 ，可创建一个新选区；激活添加到选区按钮 ，可在原有选区的基础上添加一个选区；激活从选区减去按钮 ，即可在原选区的基础上减去当前绘制的选区。

图 4-22　快速选择工具的工具属性栏

画笔：可以改变画笔的大小。也可在绘制的过程中，按右括号键"]"增加画笔的大小；按左括号键"["可以减小画笔的大小。

对所有图层取样：可基于所有图层（而不是仅基于当前选择的图层）创建一个选区。

自动增强：可减少选区边界的粗糙和块效应。"自动增强"功能自动将选区向图像边缘进一步流动并应用一些边缘调整，也可以通过"调整边缘"对话框中使用"平滑"、"对比度"和"半径"选项手动应用这些边缘调整。

使用方法

打开图片如 4-23 所示，在需要添加选区的图像位置单击鼠标，然后移动鼠标光标，即可将鼠标光标经过的区域添加一个选区，如图 4-24 所示。

图 4-23　打开原图　　　　　　　　图 4-24　生成选区

提示： 使用快速选择工具时，除了拖动鼠标来选取图像外，单击也可以选取图像。如果有漏选的地方，可以按住 Shift 键添加到选区中；如果有多选的地方可以按住 Alt 键，从选区中减去。

2．魔棒工具

魔棒工具主要用于选择图像中面积较大的单色区域或相近的颜色，如图 4-25 所示为魔棒工具属性栏。

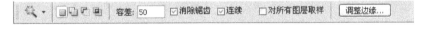

图 4-25　魔棒工具属性栏

（1）容差：决定创建选区的精度。该值越小，表明对色调的相似程度要求越高，因此选择的颜色范围就越小；反之，如果该值越大，表明对色调的相似程度要求越低，因此选择的颜色范围就越广。即使在同一个地方单击，容差不同选择的范围也不一样；而在容差相同的情况下单击的地方不同选择的范围也不一样。

（2）连续：勾选该选项时，只选择颜色连续的区域；取消勾选时，可选择与单击点颜色相近的所有区域，包括没有连接的区域。

（3）对所有图层取样：如果文档中包含多个图层，勾选该选项时，可选择所有图层中与之颜色相近的区域；取消勾选时，仅选择当前图层上与之颜色相近的区域。

使用方法

魔棒工具的使用方法非常简单，只需在要选择的颜色范围单击鼠标，即可将鼠标单击点相同或相近的颜色全部选取。当然有时可以通过选取相反的对象，然后再"反选"，同样可以达到目的，如图 4-26 和图 4-27 所示，要选取整个水果是非常复杂的，但是背景则是单一色彩，因此可采用上述反选方法。

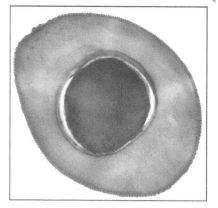

图 4-26　选择白色区域　　　　　　　　　图 4-27　反选效果

提示：使用魔棒时，按住 Shift 键可以添加选区，按住 Alt 键可以从当前选区中减去，按住 Shift+Alt 组合键可以得到与当前选区相交的选区。

在许多时候要选择的区域的色彩通常是不连续或差别较小的，此时仅使用以上的工具不会有满意的效果。因此在横栏菜单"选择"中的两个命令 "扩大选取"和"选取相似"便显得极其重要。"扩大选取"和"选取相似"命令的最大区别在于"扩大选取"命令要求所选择的区域必须是相互有联系的且具有连续性，而"选取相似"命令则不论所选择的区域是否联系，只要是像素相近即可全部选择。因此用户只需用魔术棒工具单击部分要选取的区域，然后利用"扩大选取"和"选取相似"中的某个命令即可完成选择。

4.2.4　色彩范围

该命令与魔棒的功能相似，同样可以根据容差值与选择的颜色样本创建选区，其主要优势在于它可以根据图像中色彩的变化情况设定选择程度的变化，从而使选择操作更加灵活、准确。

使用方法

如图 4-28 所示，打开图像文件，单击菜单"选择"→"色彩范围"命令，在其对话框中，如图 4-29 所示，用吸管定位颜色，然后调整容差参数，单击"确定"按钮，完成选区的选择，效果如图 4-30 所示。随着吸管定位的不同，产生的选区范围则不同，如图 4-31 所示。

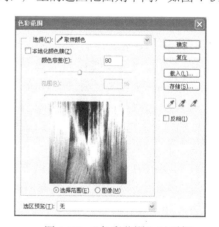

图 4-28　打开图像　　　　　　　　　图 4-29　"色彩范围"对话框

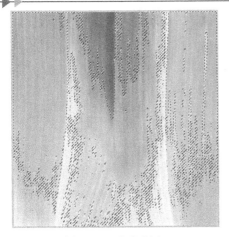

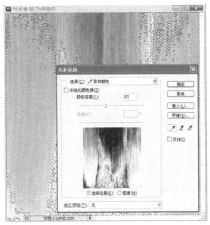

图 4-30　形成选区　　　　　　　　　图 4-31　产生选区范围则不同

4.3　裁剪工具组

利用裁剪工具组的工具可以快速将图像中保留的部分进行裁剪，在处理数码照片时经常用到。

裁剪工具

裁剪工具 是用来裁剪图像、重新定义画布大小的常用工具。通常用裁剪工具在画面中拖出一个矩形框（裁剪框）定义要保留的内容，根据构图需要对其大小和位置进行调整：将鼠标光标放置到裁剪框的控制点上拖动，可以调整裁剪框的大小；将鼠标光标放置在裁剪框内按下并拖动，可移动裁剪框的位置；将鼠标光标放置在裁剪框的四个边角，可旋转裁剪框的位置。确定后按 Enter 键或在裁剪框内双击鼠标，即可将矩形框外的图像裁剪掉，如图 4-32 和图 4-33 所示。

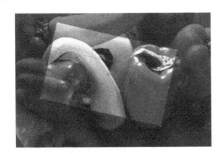

图 4-32　设定裁减区域　　　　　　　　　图 4-33　执行裁减

如果对裁剪对象的要求比较严格，则可以通过先设置属性栏参数，再进行裁剪，如图 4-34 所示为创建裁剪框前的工具属性栏。

图 4-34　裁剪工具属性栏

（1）高度/宽度/分辨率：可在各选项右侧的文本框中输入相应的数值，来确定裁剪后图像的大小。例如，输入宽度为 6 厘米，高度为 6 厘米，分辨率为 200 像素/英寸；裁剪图像后，图像的大小会自动适配设置的文件大小，如图 4-35 和图 4-36 所示。

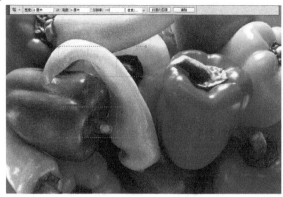

图 4-35　设定裁减尺寸　　　　　　　　　　图 4-36　自动适配设置

（2）　前面的图像　：单击该按钮，可以在前面各文本框中显示当前图像的大小和分辨率。

（3）　　清除　　：在宽度、高度和分辨率选项中输入数值后，Photoshop 会将其保留下来，单击该按钮后，可以删除这些数值，恢复默认状态。

如图 4-37 所示为创建裁剪框后的工具属性栏。

图 4-37　创建裁剪框后的属性栏

- 裁剪区域：如果图像中包含多个图层，或者没有"背景"图层，则该选项可用。如果选择"删除"选项，可以删除被裁剪的区域；如果选择"隐藏"选项，则被裁剪的区域将被隐藏，执行"图像/显示全部"命令即可将隐藏的部分重新显示出来；另外，还可以利用 工具移动图像来显示隐藏的部分。
- 裁剪参考线叠加：右侧的选项窗口中包括"无"、"三等分"和"网格"这 3 个选项，选择"三等分"或"网格"选项后，可根据添加的裁切框显示三等分的区域或网格的位置。
- 屏蔽/颜色/不透明度：勾选该选项后，被裁剪的区域将被"颜色"选项设置的颜色屏蔽；取消勾选后，则显示全部图像。也可以单击"颜色"选项的颜色块进行颜色设置。在不透明度中设置屏蔽颜色的不透明度。
- 透视：勾选该选项后，可以调整裁剪框的控制点，裁剪以后，可以对图像进行透视的变换与调整，如图 4-38 和图 4-39 所示。

图 4-38　设定裁减内容　　　　　　　　　图 4-39　执行裁减

4.4   实 例 解 析

下面对金属效果标志实例的操作步骤进行解析。

（1）新建文件，色彩模式为 RGB，背景为白色，其他参数大小如图 4-40 所示。

（2）选择菜单"窗口"→"图层"命令，打开图层面板，单击面板底边的"新建图层"按钮，如图 4-41 所示在图层面板中新建"图层 1"。

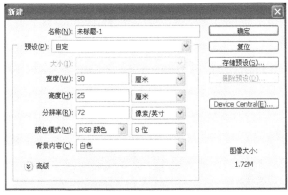

图 4-40   "新建"对话框

图 4-41   "图层"面板

（3）激活工具箱中的"椭圆选框"工具，如图 4-42 所示，绘制一个椭圆形选区。

（4）激活工具箱中的"渐变填充"工具，单击属性栏中的渐变色条，在弹出的"渐变编辑器"对话框中创建如图 4-43 所示渐变色。

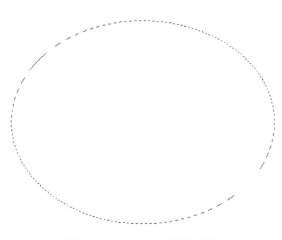

图 4-42   绘制一个椭圆形选区

图 4-43   "渐变编辑器"对话框

（5）按住鼠标左键，从选区左上到右下拖移，则其渐变填充效果如图 4-44 所示。

（6）在"图层"面板中，将"图层 1"拖至"图层"面板底部的"新建图层"按钮中复制为"图层 1 副本"。此时"图层"面板如图 4-45 所示。

（7）以"图层 1 副本"为当前层，按 Ctrl+T 组合键，调出"自由变换"缩放框，按住 Shift+Alt 组合键拖动边角向内收缩一定距离，如图 4-46 所示。调整好后双击鼠标左键确认。

图 4-44 渐变填充效果

图 4-45 "图层"面板

（8）同样方法在"图层"面板中，如图 4-47 所示，复制"图层 1 副本"为"图层 1 副本 2"。

图 4-46 填充效果

图 4-47 "图层"面板

（9）重复上述步骤，将"图层 1 副本 2"的椭圆缩小到如图 4-48 所示大小。

（10）在"图层"面板中，以"图层 1 副本"为当前选择图层。此时"图层"面板如图 4-49 所示。

（11）选择菜单"选择→载入选区"命令，弹出如图 4-50 所示对话框，在通道选项中选择"图层 1 副本透明"。

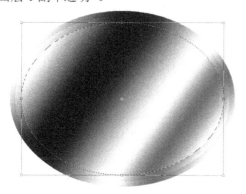

图 4-48 缩小选区

图 4-49 选定当前图层

（12）如图 4-51 所示，以"图层 1"为当前选择层，按 Delete 键删除选区内的部分。

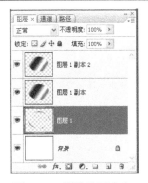

图 4-50　"载入选区"对话框　　　　　图 4-51　删除选区内容

（13）在"图层"面板中，如图 4-52 所示，以"图层 1 副本 2"为当前选择图层，执行"载入选区"命令。

（14）以"图层 1 副本"为当前选择图层，如图 4-53 所示，按 Delete 键删除选区内的部分。

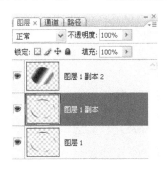

图 4-52　选定当前层　　　　　　　　图 4-53　删除选区内容

（15）复制"图层 1 副本"为"图层 1 副本 3"，并将"图层 1 副本 3"置于最顶层。此时"图层"面板如图 4-54 所示。

（16）重复上述步骤，将图形缩小至如图 4-55 所示大小。

图 4-54　调整图层位置　　　　　　　图 4-55　缩小选区

（17）在"图层"面板中，单击底部的"添加图层样式"按钮。如图 4-56 所示，在"图层样式"对话框中设置"斜面和浮雕"效果，其中"样式"为"内斜面"，"大小"为 20 像素。

（18）单击"确定"按钮，效果如图 4-57 所示。

（19）如图 4-58 所示，激活工具箱中的"橡皮"工具，在其属性栏中，设置画笔大小为 7 像素。

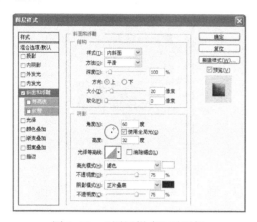

图 4-56 "图层样式"对话框

图 4-57 "斜面和浮雕"效果

（20）在椭圆环图形上面做一定间隔的涂擦，涂擦后的效果如图 4-59 所示。初次使用时可将画面放大。

（21）在"图层"面板中，单击"添加图层样式"按钮，如图 4-60 所示，设制投影效果，其中"角度"设置为 60 度，大小为 10 像素。单击"确定"按钮即可。

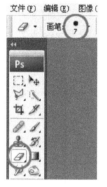

图 4-58 设置画笔

图 4-59 涂擦的效果

（22）在"图层"面板中，如图 4-61 所示，以"图层 1 副本 2"为当前选择图层。

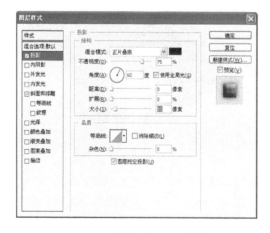

图 4-60 "图层样式"对话框

图 4-61 选定当前图层

（23）单击"添加图层样式"按钮，如图 4-62 所示，设制"内阴影"效果，其中"阻塞"为 15%，"大小"为 50 像素。单击"确定"按钮，效果如图 4-63 所示。

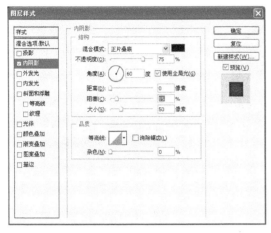

图 4-62 "图层样式"对话框　　　　　　　图 4-63 "内阴影"效果

（24）在"图层"面板中，如图 4-64 所示，以"图层 1 副本"为当前选择图层。

（25）单击"添加图层样式"按钮，选择"斜面和浮雕"选项，其参数设置如图 4-65 所示。

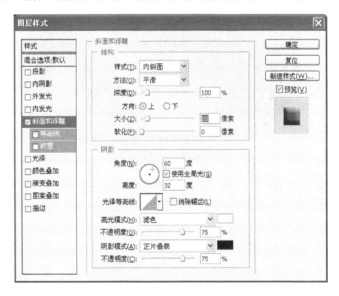

图 4-64　选定当前图层　　　　　　　　　图 4-65 "图层样式"对话框

（26）单击"确定"按钮，效果如图 4-66 所示。

（27）在"图层"面板中，如图 4-67 所示，以"图层 1"为当前选择图层。

（28）重复第（25）步骤，效果如图 4-68 所示。

（29）如图 4-69 所示，关闭"背景"图层的眼睛，然后以"图层 1"位当前图层。

（30）选择菜单"图层"→"合并可见图层"命令。此时"图层"面板如图 4-70 所示。

（31）如图 4-71 所示，复制"图层 1"为"图层 1 副本"，并调整"图层 1 副本"的"不透明度"为 50%。

图 4-66 "斜面和浮雕"效果

图 4-67 选定当前图层

图 4-68 效果

图 4-69 选定当前图层

图 4-70 合并图层

图 4-71 复制图层

（32）单击"添加图层样式"按钮，如图 4-72 所示制作"纹理"样式，其中图案选择"石头"纹理。单击"确定"按钮，效果如图 4-73 所示。

（33）选择菜单"滤镜"→"扭曲"→"玻璃"命令，如图 4-74 所示，在"玻璃"对话框中选择"纹理"为"磨砂"、"扭曲度"和"平滑度"都为 1。单击"确定"按钮，效果如图 4-75 所示。

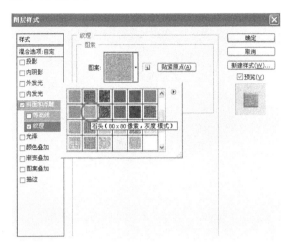

图 4-72 "图层样式"对话框

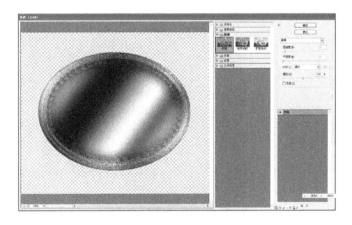

图 4-73 "纹理"效果

图 4-74 "玻璃"对话框

（34）选择菜单"图像"→"亮度/对比度"命令，设置如图 4-76 所示参数。单击"确定"按钮，效果如图 4-77 所示。

图 4-75 "玻璃"效果

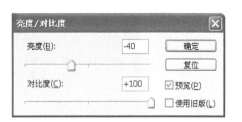

图 4-76 "亮度/对比度"对话框

Photoshop CS5 案例教程

（35）激活工具箱中的"横排文字"工具，输入如图 4-78 所示文字。

图 4-77 "亮度/对比度"效果 　　　　　　　　　　　图 4-78 输入文字

（36）选择菜单"图层"→"栅格化"→"文字"命令，如图 4-79 所示，将文字层转化为普通图层。

（37）选择菜单"编辑"→"变换"→"缩放"命令，如图 4-80 所示调整对象长宽比例，双击鼠标左键完成变化。

图 4-79 栅格化文字 　　　　　　　　　　　　　　图 4-80 缩放文字

（38）激活工具箱中的"矩形选框"工具，如图 4-81 所示，将第二行文字部分选取。

图 4-81 选取文字

（39）选择菜单"编辑"→"变换"→"变形"命令，如图 4-82 所示调整对象透视效果，双击鼠标左键完成变形。调整后文字效果如图 4-83 所示。

图 4-82　变形文字

图 4-83　变形效果

（40）如图 4-84 所示，新建"图层 2"。

（41）激活工具箱中的"自定形状工具"按钮，在其相应是属性栏中，单击"填充像素"选项，并在形状选项中选择如图 4-85 所示的形状。

图 4-84　新建图层

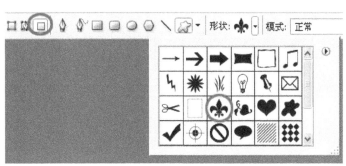

图 4-85　选择形状

（42）如图 4-86 所示，按住鼠标左键，在文字的下方绘制图形，并让图形居中显示。

（43）为了便于观察，将除文字层和新建图形以外的所有图层的"眼睛"关掉，并在文字的上方绘制一个如图 4-87 所示的五边形。

图 4-86　绘制图形　　　　　　　　　　　　　　图 4-87　关闭图层

（44）在"图层"面板中，按住 Shift 键选择刚绘制的图形和文字层，然后合并为一个图层，如图 4-88 所示。

（45）单击图层面板底部的"添加图层样式"按钮，选择"投影"选项，如图 4-89 所示设置角度和大小等参数。

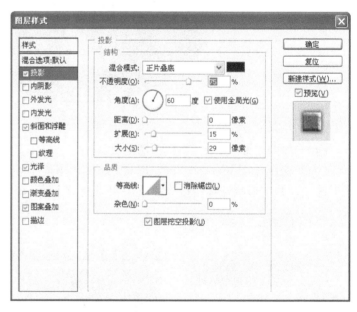

图 4-88　合并图层　　　　　　　　　　　　图 4-89　"图层样式"对话框

（46）在选择"图案叠加"选项时，图案选择"花岗岩"图案（图案窗口如果只显示两排图案，可以通过单击旁边的三角形按钮追加更多种类的图案），如图 4-90 所示。

（47）选择"光泽"选项，设置距离和大小如图 4-91 所示。

（48）设置以上各项参数后，单击"确定"按钮，效果如图 4-92 所示。

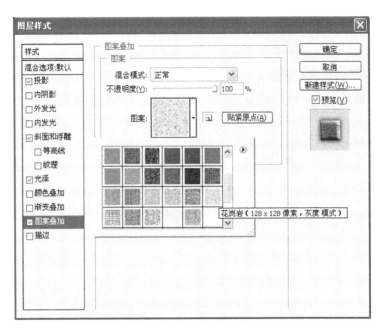

图 4-90　"图案叠加"选项

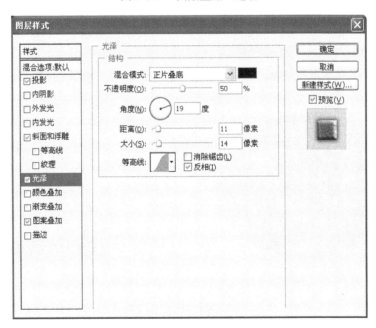

图 4-91　"光泽"选项

（49）在"图层"面板中，单击底部的"创建新的填充或调整图层"按钮，如图 4-93 所示，在弹出的下拉菜单中选择"色相/饱和度"选项。

（50）在"色相/饱和度"对话框中设置如图 4-94 所示的参数，并勾选右下角的"着色"选项。

（51）选择菜单"图像"→"调整"→"亮度/对比度"命令，设置如图 4-95 所示参数，单击"确定"按钮，效果如图 4-96 所示。

图 4-92　效果

图 4-93　选择"色相/饱和度"选项

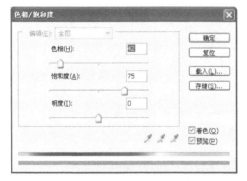

图 4-94　"色相/饱和度"对话框

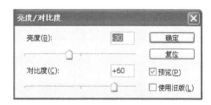

图 4-95　"亮度/对比度"对话框

（52）将背景图层填充为黑色。金属标志制作完成。此时"图层"面板如图 4- 97 所示。

图 4-96　效果

图 4-97　"图层"面板

4.5　常用小技巧

1．在使用矩形选框工具时，按下 Alt 键拖动鼠标将以单击点为中心向外创建选区；按住 Shift 键拖动鼠标可以创建正方形选区；同时按下 Alt 和 Shift 键则可以从中心点向外创建正方形选区。

2．在使用椭圆选框工具时，按下 Shift 单击并键拖动鼠标将创建圆形选区；按下 Alt 键拖动鼠标将以单击点为中心向外创建选区；同时按下 Alt 和 Shift 键则可以从中心点向外创建圆形选区。同时按下 Shift 和 M 键可进行椭圆选框工具和椭圆选框工具的切换。

3．在使用套索工具绘制选区的过程中，按下 Alt 键后松开鼠标左键，可切换为多变形套索工具，移动鼠标至其他区域单击可以绘制直线，松开 Alt 键可以恢复为套索工具。

4．在使用多边形套索工具绘制选区的过程中，按下 Shift 键可以锁定水平、垂直、45°角为增量进行绘制。如果起点和终点没有重合，此时双击鼠标可结束绘制并在起点和终点处连接一条直线封闭选区；在绘制过程中，按下 Alt 键单击并键拖动鼠标，可切换为套索工具，放开 Alt 键可以恢复为多边形套索工具。

4.6 相关知识链接

4.6.1 标志的类别与特点

1．标志的类别

标志具有十分强烈的个性形象色彩，因此它的分类与特点也十分明显，大致可以分为以下几种类形。

- 地域标志
- 社会集团标志
- 社会公益标志
- 商品标志

2．标志的特点

功用性：标志的本质在于它的功用性。经过艺术设计的标志虽然具有观赏价值，但标志主要不是为了供人观赏，而是为了实用。标志是人们进行生产活动、社会活动必不可少的直观工具。

识别性：标志最突出的特点是具有独特面貌，易于识别，显示事物自身特征。标志事物间不同的意义、区别与归属是标志的主要功能。

显著性：显著性是标志又一重要特点，除隐形标志外，绝大多数标志的设置目的就是要引起人们注意。

多样性：标志种类繁多、用途广泛，无论从其应用形式、构成形式、表现手法来看，都有着极其丰富的多样性。

艺术性：经过设计的非自然标志都具有某种程度的艺术性。既符合实用要求，又符合美学原则，给予人以美感，是对其艺术性的基本要求。一般来说，艺术性强的标志更能吸引和感染人，给人以强烈和深刻的印象。

准确性：标志无论要说明什么、指示什么，无论是寓意还是象征，其含义必须准确。首先要易懂，符合人们认识心理和认识能力。其次要准确，避免意料之外的多种理解或误解，尤其应注意禁忌。

持久性：标志与广告或其他宣传品不同，一般都具有长期使用价值，不能轻易改动。

4.6.2 标志的设计构思

标志设计作为一项独立的具有独特构思思维的设计活动，它有着自身的规律和遵循的原则，在方寸之间它要体现出多方位的设计理念。

成功的标志设计可归纳以下几个方面：强、美、独、象征。方寸之间的标志形象决定了它在形式上必须鲜明强烈，使人过目不忘。

强：即为强烈的视觉感受，具有视觉的冲击力和"团块"效应；

美：即为符合美的规律的优美造型和优美的寓意；

独：即为独特的创意，举世无双；

象征：有最明快、简洁的象征之意，无任何牵强附会之感。

较之其他艺术形式，它有更加集中表达主题的本领。造型因素和表现方法的单纯，使标志图形要像闪电般的强烈，诗句般的凝练，像信号灯般醒目。

4.6.3 标志设计的基本原则

标志设计的基本原则是简练、概括、完美！要成功到几乎找不到更好的替代方案，其难度比之其他任何艺术设计都要大得多。因此标志设计要遵循以下的原则。

① 设计应在详尽明了设计对象的使用目的、适用范畴及有关法规等有关情况，并在深刻领会其功能性要求的前提下进行。

② 设计应充分考虑其实现的可行性，针对其应用形式、材料和制作条件采取相应的设计手段。同时还要顾及应用于其他视觉传播方式，如印刷、广告、映象等。或放大、缩小时的视觉效果。

③ 设计要符合作用对象的直观接受能力、审美意识、社会心理和禁忌。

④ 构思须慎重推敲，力求深刻、巧妙、新颖、独特，表意准确，能经受住时间的考验。

⑤ 构图要精练、美观、适形。

⑥ 图形、符号既要简练、概括，又要讲究艺术性。

⑦ 色彩要单纯、强烈、醒目。

⑧ 遵循标志艺术规律，创造性的探求合适的艺术表现形式和手法。

第 5 章

招贴广告设计——路径工具的使用

"招贴"按其字义解释，"招"是指引注意，"贴"是张贴，即"为招引注意而进行张贴"。招贴的英文名字叫"Poster"，在牛津英语词典里意指展示于公共场所的告示。在伦敦"国际教科书出版公司"出版的广告词典里，Poster 意指张贴于纸板、墙、大木板或车辆上的印刷广告，或以其他方式展示的印刷广告，它是户外广告的主要形式，广告的最古老形式之一。

由于招贴具备了视觉设计的绝大多数基本要素，因此它的设计表现技法比其他媒介更广、更全面，更适合作为基础学习的内容，同时它在视觉传达的诉求效果上最容易让人产生深刻印象。

5.1　招贴广告的创意与设计技巧

所谓招贴，又称"海报"或宣传画，属于户外广告，分布于各处街道、影（剧）院、展览会、商业区、机场、码头、车站、公园等公共场所，在国外被称之为"瞬间"的街头艺术。

广告设计首先应具有传播信息和视觉刺激的特点。所谓"视觉刺激"，是指吸引观众发生兴趣，并在瞬间自然产生三个步骤，即刺激、传达、印象的视觉心理过程。"刺激"是让观众注意它，"传达"是把要传达的信息尽快地传递给观众，"印象"即所表达的内容给观众形成形象的记忆。

如今广告业的发展日新月异，新的理论、新的观念、新的制作技术、新的传播手段、新的媒体形式不断涌现，但招贴却始终无法代替，仍然在特定的领域里施展着活力，并取得了令人满意的广告宣传作用，这主要是由它的特征所决定的，如图 5-1 所示。

图 5-1　招贴广告

5.1.1　招贴广告的创意

一幅招贴广告成功的关键取决于良好的创意。

一个好的广告创意取决于两个基本因素：轰动效应与讯息关联。

轰动效应即招贴广告在受众中引起的共鸣，招贴广告中的某些元素刺激了受众，吸引了注意力，给受众留下了深刻的印象。

讯息关联即招贴广告传递的信息引导受众产生了联想，增强了想象，而这种联想和想象是必须按照广告创意人员的思路所发展的。

招贴广告的创意过程是一个发现独特观念并将现有概念以新的方式重新组合的循序渐进过程。创意过程是一个艰苦、复杂、细心并极富挑战性和灵感性的工作。搜集信息、开阔思路、明确目的、自由联想、酝酿创意、实现创意是创意过程的几个基本步骤。

5.1.2 招贴广告的设计技巧

在进行招贴设计时，如何对素材加以运用和改造，提高设计的艺术表现力，这个过程需要不断地尝试各种方法，不断地改变花样。

图 5-2 想象

1．想象

想象是创作活动的重要手段。

想象是人们观察事物时所产生的心理活动，想象其实是触景生情、有感而发。想象的情节（包括形象）是人的记忆、知识的延伸和创造。

拟人化的设计就是想象，把动物、植物等人格化，赋予新的含意。这种处理具有幽默感和亲切感，表现形式用漫画、卡通、绘画等比较多，如图 5-2 所示。

2．颠倒

颠倒就是从反面来看待事物，不仅仅是图形和文字的倒置。

这种技巧一般不是描述或表达事物本身，而是通过与其对立的事物来反衬。比如想表达物品质感的细腻，可以用粗糙的物品来反衬；用丑陋来透射美丽；用令人心烦的耐心表现真诚等等。

3．联系

必然联系：由一事物联想到另一事物，事物之间有相似关系或因果关系。

偶然联系：把两个表面看起来互不相干的想法合并在一起，看看自己的构思和哪些创意产生联系，能否碰撞出新的创意火花。这种偶然联系法常常能收到意想不到的效果。另外，这种联系创造出来的图形和情节，具有一定的暗示效应，能使受众在接受信息时，对创意的内涵自觉地进行完善和补充，如图 5-3 所示。

图 5-3 联系

5.2　手表广告案例分析

1．创意定位

如图 5-4 所示，是 2007 年某手表公司推出的一款纪念手表时，围绕手表设计的理念，我们首先想到的是"情感与怀旧"，该手表广告的创作意念于是定为"怀旧"。以 20 世纪 30 年代的上海作为时代背景，配合电视广告，采用电影剧照的形式，描写了一个忧伤的爱情故事，表达缅怀"曾经拥有"的浓郁感情，广告标题为"不在乎天长地久，只在乎曾经拥有"，这也反映了现代社会的价值观念，并且很快成为社会流行语。因此，此款手表的主题定为"不在乎天长地久，只在乎曾经拥有"，整个手表广告设计围绕该主题进行。

图 5-4　手表招贴广告

怀旧是人们体验情感的方式，是引发共鸣的工具和过程。它已让商界认识到，怀旧可以成为一种沟通和促销的手段。事实表明，在 20 世纪末期，一股怀旧情调向全球商界弥漫开来。

2．所用知识点

上面的广告中，主要用到了 Photoshop CS5 软件中的以下命令。
- 路径工具组
- 变换命令组
- 斜面和浮雕命令
- 光照效果

3．制作分析

本广告的制作分为 3 个环节完成。
- 表盘的制作，用到了路径工具和渐变填充命令。
- 表带的制作，用到了选区与渐变色编辑命令。
- 通过复制及色彩调整、背景图的合成，完成广告的创作。

5.3 知 识 卡 片

在 Photoshop 中经常会利用路径工具绘制复杂的图形或选取图像，因此必须了解和熟练掌握这些工具的功能及使用方法。

5.3.1 钢笔路径工具

1. 路径的概念

路径是由贝塞尔曲线（Bezier curve）组成的一种非打印的图形元素，它在 Photoshop 中起着位图与矢量元素之间相互转换的桥梁作用。利用路径可以选取或绘制复杂的图形，并且可以非常灵活地进行修改和编辑。

2. 路径的组成

路径由一个或多个直线段或曲线段组成。每一段路径都有锚点标记；锚点标记位于路径段的端点。通过编辑路径的锚点，可以很方便地改变路径的形状。在曲线段上，每个选中的锚点显示一条或两条方向线，方向线以方向点结束。方向线和方向点的位置决定曲线段的大小和形状。移动这些图素将改变路径中曲线的形状，如图 5-5 所示。

平滑曲线由称为平滑点的锚点连接，锐化曲线路径由角点连接，如图 5-6 所示。

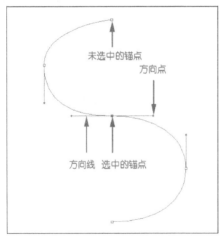

图 5-5　方向点与锚点

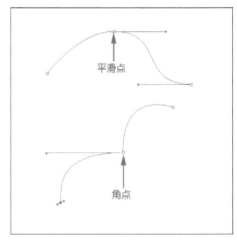

图 5-6　平滑点与角点

锚点：亦称节点，包括角点、平滑点。当在平滑点上移动方向线时，将同时调整平滑点两侧的曲线段。相比之下，当在角点上移动方向线时，只调整与方向线同侧的曲线段。用钢笔工具单击就能产生锚点，即两个直线段的角。

直线段：连接两个角点，或者与角点无控制柄一端相连的线段。

曲线段：连接平滑点或角点有控制柄一端的线段。

闭合路径：起点与终点为一个锚点的路径。

开放路径：起点与终点是两个不同的锚点的路径，如图 5-7 所示。

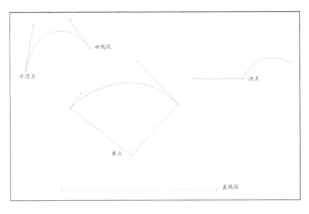

图 5-7 路径组成

3．钢笔路径工具组

钢笔路径工具组可用来创建路径、调整路径形状。它包括 5 种工具，在工具箱中使用同一个图标位置，如图 5-8 所示，它们分别是钢笔工具 、自由钢笔工具 、添加锚点工具 、删除锚点工具 和转换点工具 。

单击钢笔工具，其属性栏如图 5-9 所示。

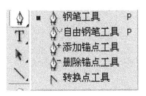

图 5-8 钢笔路径工具组

图 5-9 钢笔路径工具属性栏

在 Photoshop 中开始进行绘图之前，要先从属性栏中选择绘图模式。选取的绘图模式将决定是在自身图层上创建矢量形状、还是在现有图层上创建工作路径或是在现有图层上创建栅格化形状。如图 5-10 所示为路径面板及对比效果。

图 5-10 不同绘图模式

矢量图形：是使用形状或钢笔工具绘制的直线和曲线。矢量形状与分辨率无关，因此，它们在调整大小、打印到 PostScript 打印机、存储为 PDF 文件或导入到基于矢量的图形应用程序时，会保持清晰的边缘。可以创建自定形状库和编辑形状的轮廓（路径）和属性（描边、填充颜色和样式）。

　　工作路径：是出现在"路径"调板中的临时路径，用于定义形状的轮廓。它可以转换为选区或者使用颜色填充和描边的轮廓。通过编辑路径的锚点，可以很方便地改变路径的形状。

　　属性栏中包括 3 种形式。

　　（1）"形状图层"选项：激活此按钮，可用来设定利用前景色填充所勾画的路径。此时，在图层面板中将自动生成包括图层缩览图和矢量蒙版缩览图的形状图层，双击该图层可以修改该图层样式，如图 5-11 所示。

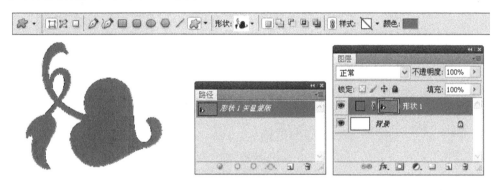

图 5-11　形状图层面板

　　单击"样式"图标，将弹出"样式"选项面板，以便在形状图层中快速应用系统预设的样式。

　　单击"颜色"色块，可以设置形状图层的颜色。

　　（2）"路径"选项：激活此按钮，可用来创建普通的工作路径，此时不在图层面板中生成新图层，如图 5-12 所示。

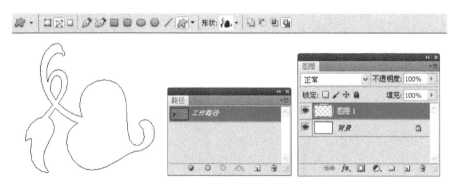

图 5-12　路径面板

　　（3）"填充像素"选项：使用钢笔路径时此按钮不可用。只有使用"矢量形状"工具时才可用。激活此按钮，在图像文件中拖动鼠标时，既不创建新图层，也不创建工作路径，只在当前图层中创建填充前景色的形状图形，如图 5-13 所示。

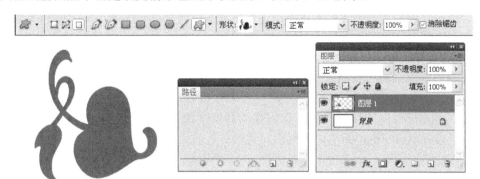

图 5-13　填充像素面板

属性栏中的矩形、园角矩形、椭园、直线、多边形和自由形状这 6 种路径绘制工具，特别是自由形状工具在其形状按钮中包含了许多特殊图形。如图 5-14 所示，单击侧三角形按钮，共有 13 种多边形形状的类别可供选择，只需选择某个多边形类别后，按住鼠标左键拖移即可。

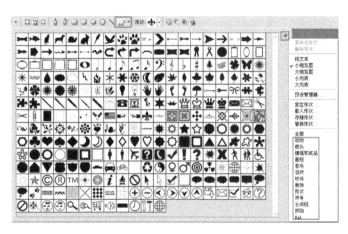

图 5-14　自由形状图形

属性栏中"自动添加/删除"复选框，若选中该复选框，便能够在绘制的路径上自动添加和删除路径上的锚点。

（1）钢笔工具

钢笔工具主要用于绘制路径。利用钢笔工具在文件中依次单击，可以创建直线路径；按住鼠标左键在画面上任意勾画，可以创建自然流畅的曲线路径。因此使用钢笔路径工具既可形成直线路径，也可形成曲线路径。

在绘制直线路径时，按住 Shift 键可将钢笔工具绘制的曲线限制在 45°范围内。

按住 Ctrl 键可将钢笔工具切换为方向选取工具，便于随机调整路径方向。在未闭合路径之前按住 Ctrl 键在路径外单击，可以完成开放路径的绘制。

（2）自由钢笔工具

自由钢笔工具集合了钢笔工具与磁性钢笔工具这两种工具的优点，当在属性栏中取消

"磁性的"复选框时,它将是自由钢笔工具,反之为磁性钢笔工具。按下鼠标左键在图上拖动,此工具可沿着鼠标运动的轨迹自由绘出任意形状的路径,当回到起点时,光标右下方会出现一个小圆圈,此时松开鼠标可得到封闭路径。

(3)添加锚点工具

利用添加锚点工具可在路径上通过增加锚点,从而精确描述其形状,改变路径的弧度与方向。

激活"添加锚点"工具,将鼠标光标移动到要添加锚点的路径上,当鼠标光标显示为添加锚点符号时单击左键,即可添加锚点,此时并没有更改路径形状。如果在单击的同时按住鼠标左键拖移,则可改变路径形状,如图 5-15 所示。

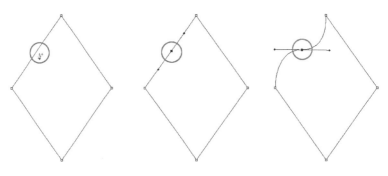

图 5-15 添加锚点

(4)删除锚点工具

激活"删除锚点"工具,将鼠标光标移动到要删除的某个锚点上,当鼠标光标显示为删除锚点符号时单击左键,即可删除锚点,此时将改变路径形状,如图 5-16 所示。如果按住 Alt 键在一个锚点上单击,则整个路径会被选中,并且拖动鼠标时会复制该路径。

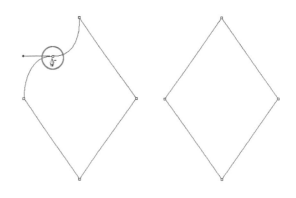

图 5-16 删除锚点

(5)变换点工具

变换点工具可改变一个锚点的性质。该工具有 3 种工作方法,取决于编辑的锚点特性,如图 5-17 所示。

● 对于一个具有拐角属性的锚点,单击并拖动将使其改为具有圆滑属性的锚点。

● 若一锚点为具有圆滑属性的锚点,单击该锚点可使其属性变为拐角属性,同时将与之相关联的曲线路径段变为直线。

- 单击并拖动方向点可将锚点的圆滑属性变为拐角属性。

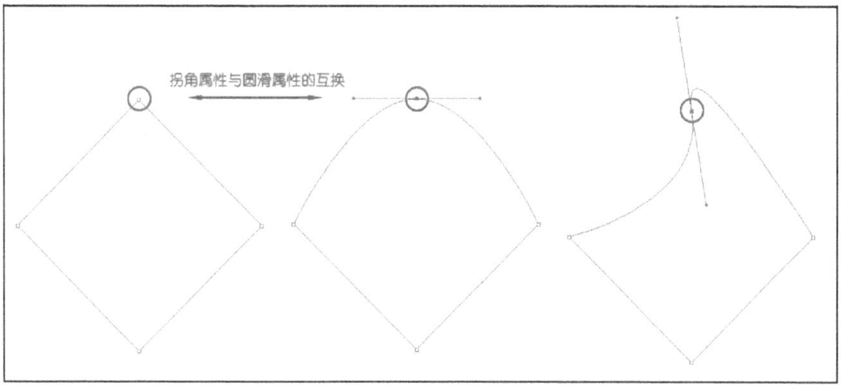

图 5-17　变换锚点

当选中“自动添加/删除”复选框后，鼠标放置在路径上的非锚点处，则变成添加锚点工具，如放置在锚点上则变成删除锚点工具。

按住 Alt 键，在锚点上单击会变为锚点变换工具，在非锚点上会变为添加锚点工具。

“变换点”工具因单击路径部位的不同会改换成不同的工具。如按住 Alt 键后在一个路径上的非锚点处单击，则变换点工具变成添加锚点工具，并将该路径上的锚点全部选择。

如果按住 Alt 键后在一个锚点上单击，则删除锚点的方向线。

如果在按下 Alt 键之前将变换点工具放在一个方向点上，则变换点工具变成方向选取工具。

5.3.2　路径的创建与保存

在学习了路径工具组中各种工具的使用方法后，下面介绍路径的创建及保存操作，单击菜单“窗口”→“路径”命令，打开如图 5-18 所示的路径面板。

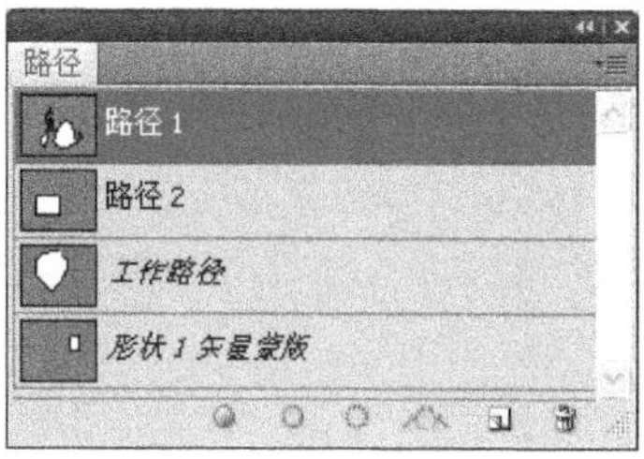

图 5-18　路径面板

该面板底部一排按钮的意义分别介绍如下。

- “填充路径”按钮：对路径内区域利用前景色填充。
- “描边路径”按钮：沿着路径的边缘利用前景色进行勾边描绘。
- “将路径作为选区载入”按钮：把路径转化为选区。
- “从选区建立工作路径”按钮：把选区转化为路径。
- “创建新路径”按钮：产生新的路径。
- “删除当前路径”按钮：删除当前路径。

1. 直线路径的创建

激活工具箱中的“钢笔”工具，在画面中单击鼠标左键即可创建一个起始点，然后移动鼠标至另一个位置单击鼠标左键即可创建终点，即可创建直线段路径。

2．曲线路径的创建

一段曲线路径由锚点、方向点和方向线来定义，当按下鼠标左键拖移时，曲线由起始锚点开始，并与起始锚点处的方向线相切，至结束锚点，再与结束锚点成一条曲线。事实上每个锚点上都连接着两条方向线。方向线则定义路径一段弧线的弧度大小与下一段路径的方向。

3．路径选择工具

路径选择工具包括"路径选择工具"与"直接选择工具"两个工具，如图 5-19 所示。
"路径选择工具"主要用于选择路径、移动路径；"直接选择工具"主要用于调整路径上各个方向点的位置或选择整个路径。

图 5-19　选择工具

按住 Alt 键使用"路径选择工具"单击并拖动一个锚点可复制整个路径并移动到其他地方。

按住 Shift 键，则将"路径选择工具"移动的方向点限制在水平、垂直和斜 45°的范围。

4．闭合路径的创建

有时为将开放路径区域填充颜色或将路径转化为选定区域，需要创建闭合路径，从而保证图形对象轮廓线的平滑过渡，如图 5-20 所示。

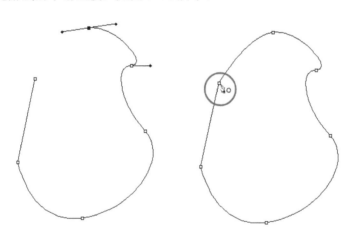

图 5-20　闭合路径生成

（1）利用钢笔工具创建 1 条开放路径。

（2）回到路径的起点，将鼠标移至第一个锚点处，鼠标指针底部会出现一个小圆圈。单击鼠标则路径闭合。

（3）如果在绘制过程中切换过工具，则可以再激活钢笔工具，将首尾两端连接即可。

5．路径转换为选区

路径与选择区域的关系是密切相关的，很多时候创建的路径最终都要转变为选择区域才能达到设计目的。

单击"路径"面板侧三角形按钮，或单击鼠标左键，在弹出菜单中，如图 5-21 所示，选择"建立选区"命令，出现"建立选区"对话框，如图 5-22 所示。

图 5-21　路径面板　　　　　　　　　　　　图 5-22　"建立选区"对话框

在"建立选区"对话框的"操作"栏中提供了 4 种创建方式，选中"新建选区"单选按钮表明由路径创建一个新选区，此时表明画面中只有路径，而没有选区。选中"添加到选区"单选按钮表明把路径转换为选区并和画面上已存在的选定区域相加，表明画面中不仅有路径，而且还有其他选区。选中"从选区中减去"单选按钮表明把路径转换为选区，并从画面上已存在的选定区域中减去新创建的选定区域。选中"与选区交叉"单选按钮表明从路径与选定区域重合的区域创建一个选定区域。

单击"路径"面板中的"将路径作为选区载入"按钮，并同时按住 Alt 键，也会出现"建立选区"对话框。

6．选区转换为路径

如果需要将选择区域转变为路径，同样可以做到。单击"路径"面板的侧三角形按钮，选择弹出菜单中的"建立工作路径"命令，如图 5-23 所示。弹出"建立工作路径"对话框，如图 5-24 所示。

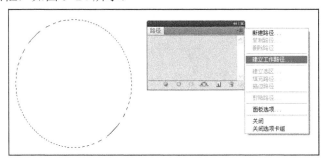

图 5-23　"建立工作路径"命令　　　　　　图 5-24　"建立工作路径"对话框

按住 Ctrl 键并单击"路径"面板底部的"从选区建立工作路径"按钮也可打开该对话框。在该对话框中，"容差"选项用于设定转换后路径上包括的锚点数，其变化范围为0.5～10 像素，其默认值为 2 像素。值越大，锚点越少，产生的路径就越不平滑；值越小则相反。

7．填充与描边路径

路径和选择区域一样，都具有填充和描边功能。单击路径面板的侧三角形按钮，选择"填充路径"、"描边路径"命令，它与"编辑"下拉菜单中的"填充"、"描绘"命令的用法一致。

8．路径的变形

路径和选择区域一样，也可以进行必要的变形处理。当画面出现路径时，单击"编辑"菜单时，从其下拉菜单中，用户可以发现原来的"自由变换"、"变换"命令已改为"自由变换路径"，"变换路径"命令。同样，如果用户选择路径上的锚点，则命令变为"自由变换点"、"变换点"命令，其操作方法与原来一致，如图 5-25 和图 5-26 所示。

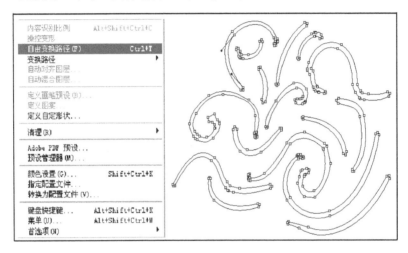

图 5-25　路径变换

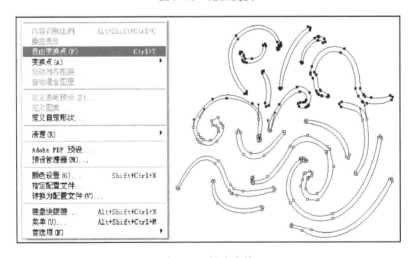

图 5-26　锚点变换

5.4　路径与多边形

Photoshop CS5 中还有许多规则图形路径，如图 5-27 所示，这些规则图形路径的属性栏与普通路径基本相似，只是路径的属性栏多一个"自动添加"选项，其用法一致。

1．"矩形工具"

"矩形工具"的属性栏与"钢笔工具"的属性栏基本相同，具有相同的选项和按钮在此不再介绍。单击属性栏中的▪按钮，弹出如图 5-28 所示对话框。

"不受约束"：选择此选项，可以绘制任意长度和宽度的矩行图形。

"方形"：选择此选项，可以绘制正方形。

"固定大小"：选择此选项，并在右侧的文本框中设置具体长和宽的尺寸，可以绘制固定大小的矩形。

"比例"：选择此选项，并在右侧的文本框中设置具体的比例参数，可以绘制固定比例的矩形。

"从中心"：选择此选项，在绘制矩形时，将以鼠标光标的起点为中心绘制矩形。

"对齐像素"：选择此选项，绘制的矩形边缘将与像素边缘对齐，从而避免图形边缘出现锯齿。

图 5-27　图形路径组

图 5-28　路径属性栏

2．"圆角矩形工具"

"圆角矩形工具"的选项与"矩形工具"的完全相同，只是在属性栏中多了个"半径"的选项。该选项用于控制矩形圆角的大小，如图 5-29 所示。

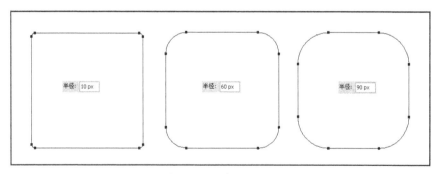

图 5-29　圆角矩形对比

3．"椭圆工具"

"椭圆工具"的属性栏与"矩形"工具一样，在此不再叙述。

4．"多边形工具"

单击"多边形工具"属性栏中的▪按钮，弹出如图 5-30 所示的对话框。

"半径"：用于设置多边形或星形的半径。该文本框中无数值时，拖移鼠标可以绘制任意大小的多边形或星形。

"平滑拐角"：选择此选项，可以绘制具有平滑拐角形态的多边形或星形，如图 5-31 所示的效果中添加了"星形"的样式选项。

图 5-30　多边形属性栏　　　　　　　　　　　图 5-31　多边形与星形对比

"星形"：选择此选项，可以绘制边向中心位置缩放的星形图形。

"缩进边依据"：选择"星形"选项后此选项方可使用，其主要用于控制边向中心缩进的程度大小。

"平滑缩进"：选择此选项，可以使星形的边平滑的向中心缩进。

5．"直线工具"

单击"直线工具"属性栏中的□按钮，弹出如图 5-32 所示对话框。

"起点"、"终点"：选择起点选项，绘制的直线的起点带箭头，反之终点带箭头；两者同时勾选则直线的两端都具有箭头，反之为直线。

"宽度"、"长度"：用于设置箭头的宽度和长度与直线宽度的百分比，以此决定箭头的大小。

"凹度"：文本框中的数据决定箭头中央凹陷的程度。其数值大于 0 时，箭头尾部向内凹陷；其数值小于 0 时，箭头尾部向外凸出，如图 5-33 所示。

6．"自定形状工具"

在"自定形状工具"中，除了用预设的的形状外，还可以自定义形状，具体操作如下。
（1）新建文件，激活"椭圆"路径工具，依次绘制出如图 5-34 所示的路径。

　　　　　　　　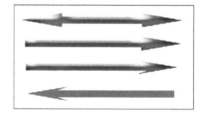

图 5-32　"直线工具"对话框　　　　　图 5-33　箭头形式

（2）单击菜单"编辑"→"定义自定形状"命令，弹出如图 5-35 所示的对话框，在对话框中可以对路径进行命名。

（3）单击"确定"按钮，即可将路径定义为自定形状，打开自定形状库即可找到刚才定义的形状，如图 5-36 所示。

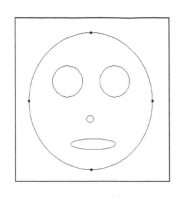

图 5-34　绘制路径

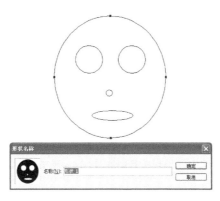

图 5-35　"形状名称"对话框

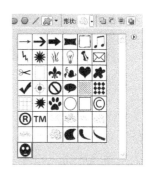

图 5-36　自定形状库

5.5　栅格化形状

利用钢笔工具或者形状工具组中的工具绘制形状图形后，单击菜单"图层"→"栅格化"→"形状"命令，或在"形状图层"中单击鼠标右键，在弹出的快捷菜单中选择"栅格化图层"命令，即可将形状图层进行栅格化，使其转换为普通图层。注意，将形状图层栅格化为普通图层后，形状图层就不再具有路径的特性。栅格化后的形状和"图层"面板如图 5-37 和图 5-38 所示。

图 5-37　"栅格化"→"形状"命令

图 5-38　栅格化形状图层

5.6　文字轮廓与路径的转换

利用文字转换为工作路径命令可以将字符作为矢量形状处理。工作路径是"路径"面板中的临时路径，用于定义形状的轮廓。在文字图层中创建的工作路径可以像其他路径一样存储和编辑，但不能将此路径中的字符作为文本进行编辑。将路径转换为工作路径后，原文字图层保持不变并可以继续进行编辑。

（1）打开图像并输入文字，调整大小，如图 5-39 所示。

（2）单击菜单"图层"→"文字"→"创建工作路径"命令，将文字的轮廓转换为路径。

（3）激活"路径"选择工具并单击文字轮廓，则路径显示效果如图 5-40 所示，或关闭文字所在图层也可观察到路径效果。

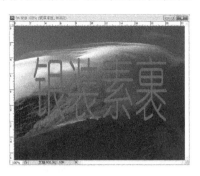

图 5-39 输入文字

图 5-40 创建工作路径

（4）新建图层。打开路径面板并用鼠标右键单击，在弹出的快捷菜单中选择"填充路径"命令，弹出"填充路径"对话框，如图 5-41 所示。选择图案填充，单击"确定"按钮，效果如图 5-42 所示。

图 5-41 "填充路径"对话框

图 5-42 填充图案

（5）激活画笔工具，设置如图 5-43 所示的参数。继续新建图层，然后用鼠标右键单击路径面板，在弹出的快捷菜单中选择"描边路径"命令，弹出"画笔"对话框，如图 5-44 所示。也可多次执行"描边路径"命令，每次效果都会有变化。

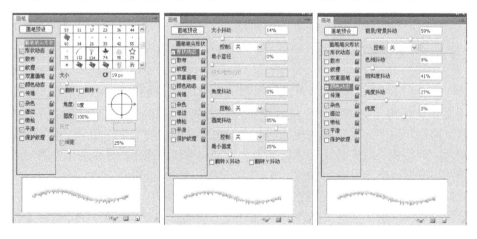

图 5-43 设置画笔参数

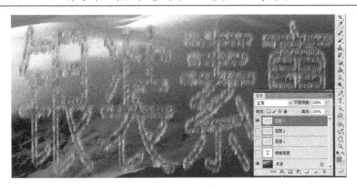

图 5-44　描边路径效果

同样将文字也转换为形状。

（6）以文字图层为当前图层，单击菜单"图层"→"文字"→"转换为形状"命令，如图 5-45 所示，将其转换为"形状"。

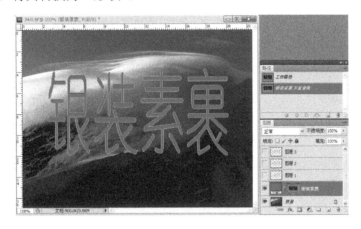

图 5-45　文字转换为形状

（7）单击菜单"编辑"→"定义为形状"命令，弹出"形状名称"对话框，如图 5-46 所示。单击"确定"按钮，将文字路径定义为形状。

（8）激活多边形工具，在其属性栏中，如图 5-47 所示选择刚才定义的形状。然后按住鼠标左键在画面中绘制，效果如图 5-48 所示，注意观察图层面板的效果。

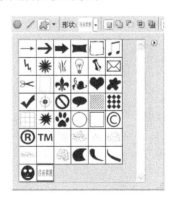

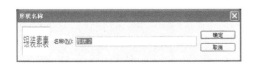

图 5-46　"形状名称"对话框　　　　　图 5-47　形状面板

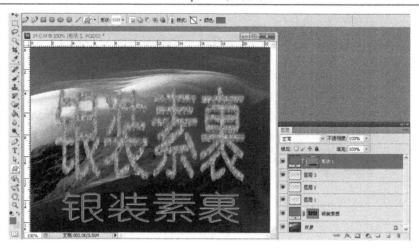

图 5-48　绘制形状

5.7　文字适配路径

在 Photoshop CS5 中，可以利用文字工具沿着路径输入文字。通过"钢笔"路径工具绘制形态各异的路径，绘制完路径后，在路径边缘或内部单击鼠标左键插入输入符后即可输入文字。

5.7.1　沿闭合路径输入文字

（1）打开素材图片。激活"自定义形状"工具，在属性栏中单击形状后面的按钮，在弹出的面板中选择如图 5-49 所示的图形，单击 按钮，然后在画面中绘制如图 5-50 所示的形状。

（2）单击菜单"编辑"→"变换路径"→"旋转"命令，调整图形的位置与大小，效果如图 5-51 所示。

（3）激活"文字"工具，设置合适的字体、字号及文字颜色后将鼠标光标移动到闭合路径并在出现 符号时单击左键，如图 5-52 所示，表明可以在图形的内部输入文字，否则是沿路径的外轮廓输入文字。按照要求输入文字，输入的文字即可按路径的形状进行排列，效果如图 5-53 所示。

（4）利用 工具调整路径的形状，输入的文字即可按照新的路径进行排列，调整后的效果如图 5-54 所示。

图 5-49　选择形状

图 5-50　绘制形状

图 5-51　旋转形状

图 5-52　插入输入符

图 5-53　输入文字

图 5-54　调整路径

（5）将月牙路径复制并新建图层，激活铅笔工具，设置 3 像素的参数描边路径，最终效果如图 5-55 和图 5-56 所示。

图 5-55　描边效果

图 5-56　绘制路径

5.7.2　沿开放路径输入文字

（1）在路径面板灰色区域单击鼠标左键关闭路径。激活钢笔路径工具绘制如图 5-57 所示路径。

（2）激活文字工具，设置合适的字体、字号及文字颜色后将鼠标光标移动到开放路径的起点位置，当鼠标光标变为 形状时单击，此时在路径的单击处会出现一个插入点，表明输入文字的起点，在路径的终点会显示一个小圆圈，表示输入文字的终点，如图 5-57 所示。

图 5-57　起点与终点

（3）输入文字，文字即按路径排列，如图 5-58 所示。

图 5-58　文字沿路径排列

（4）利用编辑路径工具调整路径的形状，文字即按照新的路径进行排列，调整后的效果如图 5-59 所示。

图 5-59　调整路径

（5）激活选取　工具，将鼠标光标放置到路径的起点位置，当鼠标光标显示为 图标时按下并拖动，可调整文字在路径中的显示位置。

（6）将鼠标光标放置到路径的终点位置，当鼠标光标显示为 图标时按下并拖动，也可调整文字在路径中的显示位置。

（7）在路径的起点位置按下并向下拖动，可将文字移动到路径的另一侧，如图 5-60 所示。

图 5-60　移动文字

5.8　实例解析

下面对手表广告实例的操作步骤进行解析。

（1）新建文件，大小为 12 厘米×9 厘米，分辨率为 300 像素／英寸，色彩模式为 RGB。

（2）激活圆形选择框工具，按住 Shift 键在画面中绘制如图 5-61 所示的选区。激活渐变工具，单击属性栏中的渐变色条，在"渐变编辑器"中设置渐变色如图 5-62 所示。

（3）新建"图层 1"，选择角度渐变方式，在选区中由圆心向右下角拖动鼠标，填充效果如图 5-63 所示。单击菜单"选择"→"修改"→"收缩"命令，在弹出的"收缩"选区对话框中设置收缩值为 45 像素，单击"好"按钮，效果如图 5-64 所示。

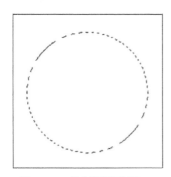

图 5-61　绘制圆形选区

图 5-62　编辑渐变色

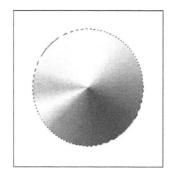

图 5-63　渐变效果

（4）按 Delete 键，效果如图 5-65 所示。单击菜单"图层"→"图层样式"→"斜面和浮雕"命令，在弹出的对话框中设置参数如图 5-66 所示，单击"确定"按钮，效果 5-67 所示。

图 5-64　执行"收缩"命令

图 5-65　删除效果

图 5-66　"斜面和浮雕"对话框

（5）按住 Ctrl 键并用鼠标单击"图层 1"，形成选区并新建"图层 2"，然后填充灰色，如图 5-68 所示。调整图层位置，使"图层 2"位于"图层 1"下方，调整大小，效果如图 5-69 所示。

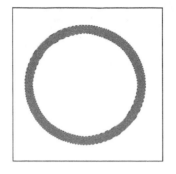

图 5-67　执行"斜面和浮雕"效果　　　图 5-68　填充灰色　　　图 5-69　调整图层 2 大小

（6）以"图层 2"为当前图层，单击菜单"图层"→"图层样式"→"斜面和浮雕"命令，在弹出的对话框中设置如图 5-65 所示的相同参数，单击"好"按钮，效果如图 5-70 所示。

（7）激活魔术棒工具并选择"图层 2"的白色区域，如图 5-71 所示。单击背景图层使其成为当前图层，新建"图层 3"并填充白色，单击菜单"图层"→"斜面与浮雕"命令，在弹出的对话框中设置如图 5-72 所示的参数，单击"确定"按钮，效果如图 5-73 所示。

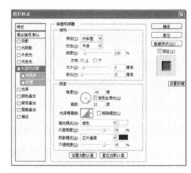

图 5-70　执行"斜面和浮雕"效果　　　图 5-71　选择白色区域　　　图 5-72　"斜面与浮雕"对话框

（8）新建"图层 4"，激活钢笔路径工具，绘制如图 5-74 所示的路径，单击路径面板的侧三角形按钮，选择转化为选区。激活渐变工具，执行操作后，效果如图 5-75 所示。

图 5-73　执行"斜面和浮雕"效果　　　图 5-74　绘制路径　　　图 5-75　填充渐变色

（9）按照（8）的方式绘制路径并执行渐变操作，效果如图 5-76、图 5-77 和图 5-78 所示。激活魔棒工具选择空白区域，单击菜单"选择"→"反选"命令。并复制、粘贴，单击菜单"编辑"→"自由变换"命令。调整位置，效果如图 5-79 所示。

图 5-76　绘制选区　　　　图 5-77　填充渐变色　　　　图 5-78　复制粘贴

（10）新建"图层 5"，激活圆形选择框工具，绘制选区，单击菜单"编辑"→"描边"命令，选取灰色，宽度为 1 像素，单击"确定"按钮。效果如图 5-80 所示。

（11）新建"图层 6"，选择矩形选取工具，绘制如图 5-81 所示的形状作为刻度。激活渐变工具，并选择角度渐变填充，效果如图 5-82 所示。

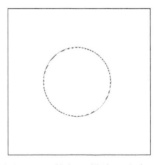
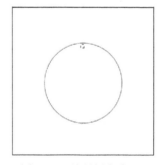

图 5-79　调整位置　　　　图 5-80　执行"描边"命令　　　　图 5-81　绘制刻度选区

（12）将"图层 6"复制多个然后调整它们的方向和位置，效果如图 5-83 所示。合并"图层 6"，并复制图层为"图层 7"。

（13）以"图层 7"为当前图层，单击菜单"滤镜"→"渲染"→"光照效果"命令，在弹出的"光照效果"对话框中设置如图 5-84 所示的参数，单击"确定"按钮即可。

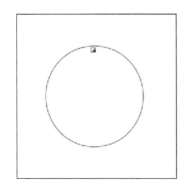
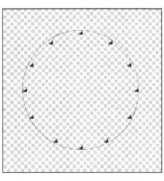
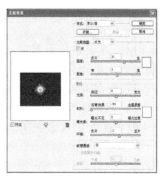

图 5-82　填充刻度　　　　图 5-83　复制并调整刻度　　　　图 5-84　"光照效果"对话框

（14）选择多变形套索工具，绘制表针如图 5-85 所示，然后选择渐变工具，选择角度渐变填充，效果如图 5-86 所示。以同样的办法绘制三个表针，并调整它们的位置，效果如图 5-87 所示。

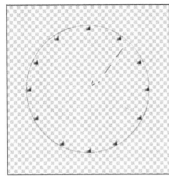 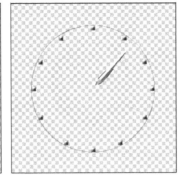 

图 5-85　绘制表针选区　　　图 5-86　角度渐变填充　　　图 5-87　绘制并调整其他表针

（15）新建"图层 8"，选择圆形选取工具，选取与图同等大小的圆，并填充黑色，合并"图层 7"和"图层 8"为"图层 7"，效果如图 5-88 所示。

（16）激活钢笔工具，绘制标志路径，单击路径面板旁边的侧三角形按钮，选择"描边"命令，在弹出对话框中选择 1 像素，颜色为白色，在下拉菜单中选择毛笔工具，效果如图 5-89 所示。选择矩形选框工具，在表针下选取矩形框如图 5-90 所示，将其填充为灰色，然后激活文字工具，在标志下方选择合适位置，输入大写字母"OMEGA"，颜色为白色，在灰色矩形框内填充文字 6。合并文字图层与"图层 7"为"图层 7"，效果如图 5-91 所示。

  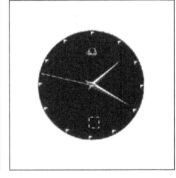

图 5-88　合并图层效果　　　图 5-89　绘制标志　　　图 5-90　绘制矩形框

（17）显示所有图层，以"图层 7"为当前图层，激活魔术棒工具，选择"图层 7"的空白区域，单击菜单"选择"→"反选"命令，然后单击菜单"编辑"→"自由变换"命令，调整表盘大小效果，如图 5-92 所示。

（18）新建"图层 8"，激活钢笔工具绘制路径如图 5-93 所示。激活渐变工具，设置"渐变编辑器"对话框如图 5-94 所示，选择"线性渐变"方式，渐变填充效果如图 5-95 所示。单击菜单"编辑"→"复制/粘贴"命令，旋转复制图层并调整位置，合并"图层 8"及复制图层为"图层 8"所示，效果如图 5-96 所示。

图 5-91　输入文本

图 5-92　调整表盘大小效果

图 5-93　绘制路径

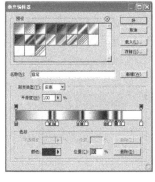

图 5-94　编辑渐变色

图 5-95　填充渐变色效果

图 5-96　复制并调整效果

（19）新建"图层 9"，激活矩形选框，选择矩形框如图 5-97 所示，激活渐变工具，设置"渐变编辑器"对话框，如图 5-94 所示，选择角度渐变，渐变填充效果如图 5-98 所示。单击菜单"编辑"→"复制/粘贴"命令，旋转复制图层并调整位置，合并"图层 9"及复制图层为"图层 9"，效果如图 5-99 所示。

图 5-97　绘制矩形

图 5-98　填充渐变色

图 5-99　旋转并调整位置

（20）激活矩形选框工具，绘制矩形框如图 5-100 所示，然后激活渐变工具，设置"渐变编辑器"工具对话框如图 5-101 所示，由上向下渐变填充，效果如图 5-102所示。

图 5-100　绘制矩形

图 5-101　编辑渐变色

图 5-102　填充渐变色效果

（21）合并除背景图层外的所有图层。打开图像，将制作完成的手表复制至新文件中，复制该图层，调整大小及位置，效果如图 5-103 所示。以复制图层为当前图层，单击菜单"图像"→"调整"→"色相/饱和度"命令，在如图 5-104 所示的"色相/饱和度"对话框中设置参数，单击"确定"按钮，并输入必要的广告词，效果如图 5-4 所示。

图 5-103　复制并调整位置

图 5-104　"色相/饱和度"对话框

5.9　常用小技巧

路径工具（钢笔工具）是 PhotoShop 中的重要工具，运用非常广泛。其主要用于进行光滑图像选择区域及辅助抠除图像背景，绘制光滑线条，勾勒图像边缘、定义画笔等工具的绘制轨迹。

1．通过勾画路经方法创作图形轮廓时建议不要使用"路径描边"方法，可以通过将路径转换为选区后再执行"描边"命令，这样可以减少锯齿存在。

2．按住 Alt 键，在路经控制面板上的垃圾桶图标上单击鼠标左键可直接删除路经。

3．在使用路经其他工具时按住 Ctrl 键，鼠标光标暂时变成直接选取路经工具。

4．单击路经面板上的空白灰色区域可关闭所有路经的显示。

第6章

贺卡设计——图像变换、定义的应用

贺卡是人类优秀文化的结晶，是传递真情的独特载体。小小贺卡可以传播文明、寄托感情。每个人都可以成为贺卡的消费者，也可以成为贺卡的创造者。

人们都喜欢在聚会场合、节日庆典、生日宴会上，给对方赠送贺卡以示祝福。每逢节日，各种礼品卡、贺卡就会纷至沓来，给人们带来浓浓的节日气氛。而过生日的人，也会在 Party 上或从远方收到伴随着生日礼物的一张张贺卡，每个贺卡上都写着赠送者的诚挚祝福，更是增添了不少情谊。

由于传统纸质卡片，其材料多为高档木浆纸，而生产这种纸消耗最多的就是木材资源。在提倡低碳环保的今天，传统的贺卡在与现代的网络技术融合后，又在虚拟的社会里，创造了自己新的辉煌——电子贺卡（E-card）。电子贺卡以其快速便捷，节约环保的特点，迅速成为一种时尚,图6-1所示为中秋节的电子贺卡。

图6-1　电子贺卡

电子贺卡的产生对传统贺卡产生了一定的冲击，但两者是无法完全互相取代的。许多人认为收到传统贺卡时那种幸福、感动的感觉是其他方式所不能替代的，传统贺卡依然有着电子贺卡不能替代的优点，如图 6-2 和图 6-3 所示。环保方面则可以在工艺上多下功夫，如废纸利用等。

图6-2　多折贺卡　　　　　　　　　图6-3　对折贺卡

6.1　2011兔年贺卡设计案例分析

图 6-4　兔年贺卡

如图 6-4 所示为 2011 年兔年贺卡，下面我们以该案例为主线介绍贺卡设计的相关内容。

1．创意定位

根据中国古老的生肖释义，兔是机敏和幸运的象征，兔年是非同一般的繁忙但却是祥和平静的一年。在我国，兔还分别寓意为：长寿、吉祥、可爱、温顺、警觉、敏捷等。而贺卡的设计关键在于要紧扣贺卡要表现的设计主题。

2．所用知识点

上面的设计中，主要用到了 Photoshop CS5 软件中的以下命令。

- 填充工具
- 矩形选框工具
- 变换组合命令
- 滤镜命令
- 图层样式命令

3．制作分析

该贺卡的制作分为 4 个环节。

- 草图构思。
- 制作中以填充工具、矩形选框工具、变换组合命令、图层样式命令、滤镜命令、渐变工具为主要工具。
- 调整透视关系。
- 最后整合完成。

6.2　知　识　卡　片

6.2.1　变换图像命令

变换图像命令包括变换、自由变换，以及内容识别比例、操控变形、自动对齐图层和自动混合图层命令，Photoshop CS5 增加了许多新的命令，下面将分别讲解。

1．内容识别比例

在缩放操作中，缩放命令是对变形框内所有的图像进行统一比例的缩放，而利用"编辑/内容识别比例"命令对图像进行缩放，可在自动识别主要物体（如人物、动物及建筑物等）的情况下，对图像进行不同程度的缩放，尽量保持主要图像的原始比例。

单击菜单"编辑→内容识别比例"命令，"内容识别比例"的属性栏如图 6-5 所示。

图 6-5　"内容识别比例"属性栏

- 数量：设置内容识别缩放与常规缩放的比例。
- 保护：可在右侧的选项窗口中选择要保护区域的 Alpha 通道，如该文件中没有 Alpha 通道，将显示"无"。
- 保护肤色按钮 👤：激活此按钮，可以最大限度地保护含有肤色的区域，使之不进行缩放变换。

运用方法：

（1）打开素材图片，如图 6-6 所示。此时该命令不能在背景图层中应用，如图 6-7 所示，显示为灰度。因此要先将背景层转换为普通层，在图层面板的"背景"图层中双击鼠标，在弹出的对话框中单击 确定 按钮，即可将"背景"图层新建为"图层 0"，将背景图层转换为普通图层。

图 6-6　原图　　　　　　　　　　　　图 6-7　命令显示为不可用

（2）单击菜单"编辑"→"内容识别比例"命令，在图像的周围将显示变形框，如图 6-8 所示。将鼠标光标放置在上边并向下拖动，如图 6-9 所示。

图 6-8　显示变形框　　　　　　　　　图 6-9　移动控制点状态

从上述案例中发现，图像的背景在很大程度上压缩了，而主要图像却只发生了稍微的变化，这和常规的缩放有很大的差别。由此可见，"编辑"→"内容识别比例"命令可以很好的对主要图像进行缩放，而保留画面中的主要元素。激活工具选项栏中的 👤 按钮，可更大程度地保护人物肤色。

2．操控变形

操控变形功能提供了一种可视的网格，借助该网格，可以在随意地扭曲特定图像区域的同时保持其他区域不变。

单击菜单"编辑"→"操控变形"命令，该命令的属性栏如图 6-10 所示。

图 6-10 "操控变形"属性栏

- 模式：确定网格的整体弹性。
- 浓度：确定网格点的间距。较多的网格点可以提高精度，但处理时间会较长。
- 扩展：扩展或收缩网格的外边缘。
- 显示网格：勾选此选项，将在图像上显示网格，如取消此选项的选择，将只显示调整图钉，从而显示更清晰的变换预览。要临时隐藏调整图钉，可以按住 H 键，松开按键后将又显示图钉。
- 图钉深度：添加图钉后，单击右侧的 和 按钮，可显示与其他网格区域重叠的网格区域。
- 旋转：设置要围绕图钉旋转网格。要按固定角度旋转网格，请按住 Alt 键，然后将鼠标光标移动到图钉附近，但不要放到图钉上。当出现旋转圆圈时，拖动鼠标可以直观地旋转网格，旋转的角度会在选项栏中显示出来。
- 移去所有图钉 按钮：单击此按钮，可将添加的图钉全部移除，图像恢复变形前的状态。要移去选定的图钉，可按 Delete 键；要移去其他各个图钉，可将鼠标光标直接放在这些图钉上，然后按 Alt 键，当鼠标光标显示为剪刀图标时，单击该图标即可。

运用方法：

在"图层"面板中，选择要变换的图层，然后单击菜单"编辑"→"操控变形"命令，此时将根据图像显示变形网格。在图像上单击，可以向要变换的区域和要固定的区域添加图钉。在图钉上单击鼠标并调整位置，即可对图形进行变形调整。要选择多个图钉，可在按住 Shift 键的同时单击这些图钉。

（1）打开图片如图 6-11 所示，确认"花"图形所在的"图层 1"为工作图层，单击菜单"编辑"→"操控变形"命令，为了便于观察，可将属性栏中"显示网格"选项前面的勾选取消。

（2）将鼠标光标移动到图像上依次单击，添加如图 6-12 所示的图钉。在添加图钉时，最好在各部位的转折点添加，以利于图像扭曲变换。

图 6-11 打开原图

图 6-12 增加图钉

（3）将鼠标光标移动到不同的图钉上单击鼠标左键并拖动，调整该图钉的位置，同时扭曲图像，状态如图 6-13 所示。

（4）如果需要增加图钉，则可在任何时间内增加图钉，直至最后单击选项栏中的 ✔ 按钮，即可完成"花"图形的扭曲变形，效果如图 6-14 所示。

图 6-13　移动图钉

图 6-14　最终效果

3．变换/自由变换

这两个工具主要对选区或图层进行缩放、旋转、斜切、扭曲、透视、变形以及水平和垂直镜像对象。其中"自由变换"命令主要用于对象的缩放和旋转。而"变换"除具有以上两个功能外，还具有其他功能，而且每种变换都可改变中心点。下面以图 6-15 为参照，主要对斜切、扭曲、透视和变形命令进行对比。

图 6-15　打开素材

图 6-16　斜切效果

图 6-17　扭曲效果

图 6-18　透视效果

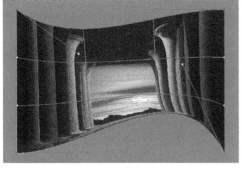

图 6-19　变形效果　　　　　　　　　图 6-20　中心点移动后变换效果

4. 自动对齐图层

　　自动对齐图层命令与"文件"→"自动"→"Photomerge"命令相似，可以根据不同图层中的相似内容（如角和边）自动对齐图层。可以指定一个图层作为参考图层，也可以让 Photoshop 自动选择参考图层。其他图层将与参考图层对齐，以便匹配的内容能够自行叠加。

　　选择两个或两个以上的相似图层后，单击菜单"编辑"→"自动对齐图层"命令，将弹出如图 6-21 所示的"自动对齐图层"对话框，在此对话框中可以选择自动对齐图层的各种选项。

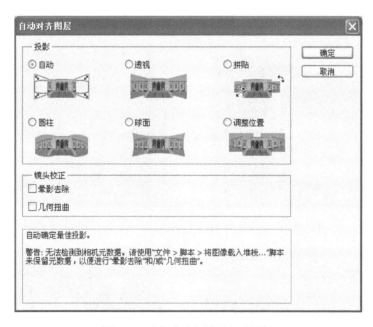

图 6-21　"自动对齐图层"对话框

- 自动：单击该选项 Photoshop 可以自动分析图像并选择最适合的图层对齐方式。
- 透视：单击该选项可以将源图像中的一个图像指定为参考图像来创建一致的复合图像，然后把其他图像进行位置调整、伸展或斜切，来匹配图层的重叠内容。
- 拼贴：该选项可以对齐图层并匹配重叠内容，但不更改图像中对象的形状。

- 圆柱：该选项可以通过在展开的圆柱上显示出各个图像，它将参考的图像居中放置，适于创建全景图。
- 球面：该选项可以指定某个源图像作为参考图像，并对其他图像执行球面变换。
- 调整位置：该选项可以对齐图层并匹配重叠内容，但不会变换任何源图层。
- 晕影去除：该选项可以将对导致图像边缘尤其是角落比图像中心暗的镜头缺陷进行补偿。
- 几何扭曲：补偿几何扭曲，如桶形、枕形或鱼眼失真等。

5．自动混合图层

通过 Photomerge 命令或对齐图层命令组合的图像，由于源图像之间的曝光度差异，可能导致组合图像中出现接缝或不一致。单击"编辑"→"自动混合图层"命令可在最终图像中生成平滑的过渡效果。

Photoshop 将根据需要对每个图层应用图层蒙版，以遮盖曝光过度或曝光不足的区域，从而创建出无缝组合的效果。

6.2.2 定义命令

使用"定义命令"中的各项命令可以进行自定义设置画笔、图案和形状，进行自定义后的画笔、图案和形状可以在相应的设置选项中进行应用。

1．定义画笔预设

该命令可以将创建的图案定义为预设的画笔。在画面中创建图形后，单击菜单"编辑"→"定义画笔预设"命令即可在打开的对话框中将图案定义为画笔预设。

2．定义图案

该命令可以将创建的图案或者打开的图片定义为预设图案。在画面中创建矩形选区后，单击菜单"编辑"→"定义图案"命令即可在打开的对话框中将选区中的图案定义为预设图案。

3．定义自定形状

利用钢笔或画笔工具创建形状后，单击菜单"编辑"→"定义自定形状"命令即可将创建的路径定义为自定形状。

6.3 实 例 解 析

下面对 2011 兔年贺卡实例的操作步骤进行解析。

（1）新建文件，设置颜色模式为 CMYK，分辨率为 72，其他参数如图 6-22 所示设置。

（2）单击菜单"窗口"→"颜色"命令，如图 6-23 所示，打开颜色面板，调整滑块，设置前景色为深蓝色（C100，M90，Y0，K30）。

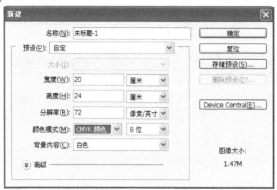

图 6-22　"新建文件"对话框

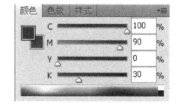

图 6-23　设置颜色

（3）单击菜单"编辑"→　"填充"命令，设置填充前景色。然后激活工具箱中的"矩形选框"工具，在画面中绘制如图 6-24 所示区域。

（4）在颜色面板中，如图 6-25 所示，设置前景色为浅绿色，背景色为白色。

图 6-24　填充颜色

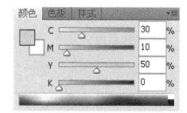

图 6-25　设置颜色

（5）激活工具箱中的"渐变填充"工具，在其属性栏中单击"线性渐变填充"按钮，然后按住 Shift 键自上而下做渐变填充，效果如图 6-26 所示。

（6）单击菜单"窗口"→"图层"命令，打开图层面板，新建图层"图层 1"，如图 6-27所示。

图 6-26　填充渐变色

图 6-27　新建图层

（7）激活"矩形选框"工具，绘制如图 6-28 所示大小的选区并填充为白色。

（8）在工具箱中，如图 6-29 所示，单击"默认前景色和背景色"按钮。

图 6-28　绘制选区

图 6-29　设置默认色

（9）单击菜单"滤镜"→"素描"→"便条纸"命令，在其对话框中设置如图 6-30 所示的参数。单击"确定"按钮，效果如图 6-31 所示。

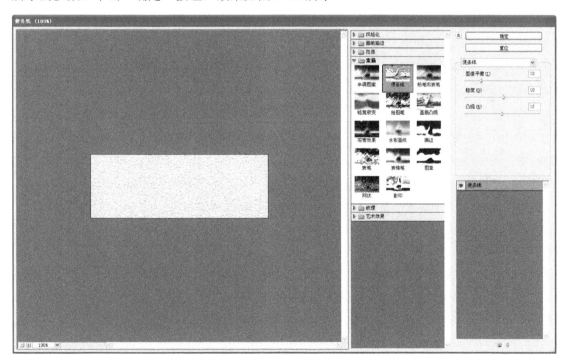

图 6-30　"便条纸"对话框

（10）激活"矩形选框"工具，如图 6-32 所示，在矩形中心位置绘制一个竖长条形的选区并按 Delete 键删除纹理。

（11）确保当前工具为选区工具，将鼠标指向选区内部，按住鼠标左键，移动选区至如图 6-33 所示位置并按 Delete 键删除。

图 6-31　便条纸效果

图 6-32　绘制选区

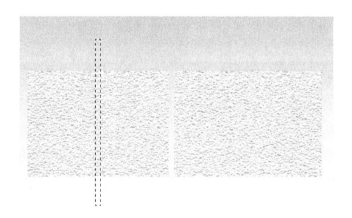

图 6-33　移动选区

（12）再将选区移至右边形成对称并删除，得到如图 6-34 所示图形。（如果把握不准可以通过添加辅助线完成以上 3 个步骤）。

图 6-34　删除选区效果

（13）单击菜单"编辑"→"变换"→"扭曲"命令，如图 6-35 所示调整对象，双击鼠标左键完成变形。

（14）在图层面板中，将"图层 1"拖至图层面板底部的"新建图层"按钮中并复制为"图层 1 副本"。如图 6-36 所示，将"图层 1 副本"安置在"图层 1"的下面，单击"锁定"按钮。

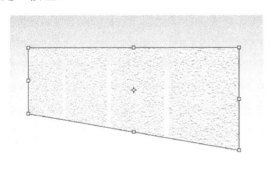

图 6-35　变形效果

图 6-36　复制图层

（15）以"图层 1 副本"为当前层，将前景色设置 50%的灰色，然后填充前景色。激活工具箱中的"移动"工具，按两下键盘中的"→"键，形成如图 6-37 所示的立体效果。

（16）如图 6-38 所示，在图层面板中，复制"图层 1 副本"为"图层 1 副本 2"，并将"图层 1 副本 2"安置在"图层 1 副本"的下面。

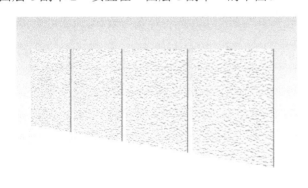

图 6-37　移动复制层效果

图 6-38　复制图层

（17）单击菜单"编辑"→"变换"→"扭曲"命令，如图 6-39 所示调整对象，双击鼠标左键完成变形。

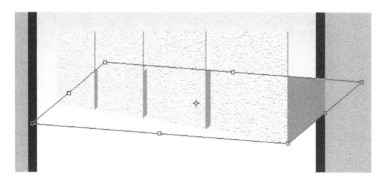

图 6-39　扭曲效果

（18）在图层面板中，如图 6-40 所示，单击面板底部的"添加图层蒙版"按钮。

（19）激活工具箱中的"渐变填充"工具，以图形底部为起点，自下而上做线形渐变填充，效果如图 6-41 所示。

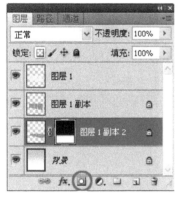

图 6-40　添加蒙板

图 6-41　作线性渐变

（20）在颜色面板中，如图 6-42 所示，设置前景色为红色（C20，M100，Y100，K0）。

（21）激活工具箱中的"横排文字"工具，如图 6-43 所示在画面中输入数字"2010"。

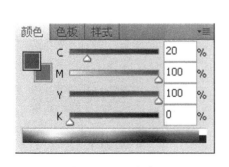

图 6-42　设置颜色

图 6-43　输入文字

（22）在属性栏上单击"切换字符和段落"按钮，打开字符面板，设置如图 6-44 所示的字体、大小和字间距。

（23）单击菜单"图层"→ "栅格化"→ "文字"命令，如图 6-45 所示将文字图层转变为普通图层。

图 6-44 字符面板

图 6-45 栅格化文字

（24）单击菜单"编辑"→ "变换"→ "扭曲"命令，如图 6-46 所示调整对象，双击鼠标左键完成变形。

图 6-46 扭曲效果

（25）激活"矩形选框"工具或魔术棒工具，依次单个选取数字并用"移动"工具调整好位置，效果如图 6-47 所示。

图 6-47 选取数字

（26）取消选区，在图层面板中，单击底部的"添加图层样式"按钮，如图 6-48 所示，在"图层样式"对话框中选择"斜面和浮雕"效果。

图 6-48 "图层样式"对话框

（27）正确设置参数后，单击"确定"按钮，效果如图 6-49 所示。

（28）如图 6-50 所示，按 Ctrl 键单击"图层 1"和"图层 1 副本"，使得 3 个图层一同被选取，单击鼠标右键，在其下拉菜单中选择"合并图层"命令，效果如图 6-51 所示。

（29）激活"矩形选框"工具，选取如图 6-52 所示部分选区。

图 6-49 "斜面和浮雕"效果

图 6-50 选择图层

图 6-51 合并图层

图 6-52 绘制选区

（30）按组合键 Ctrl+C 复制，再按组合键 Ctrl+V 粘贴，如图 6-53 所示，形成新的图层"图层 1"。

（31）打开"卡通兔子"文件，如图 6-54 所示。

图 6-53　粘贴图层

图 6-54　打开素材

（32）激活工具箱中的"魔术棒"工具，按 Shift 键将背景部分、阴影部分和兔子手里拿的信封部分一同选取。如图 6-55 所示，然后单击菜单"选择"→"反向"命令，用"移动"工具将兔子拖动至文件中。

（33）按组合键 Ctrl+T 调整兔子的位置、大小，效果如图 6-56 所示。

图 6-55　建立选区

图 6-56　复制图像

（34）在图层面板中，如图 6-57 所示，将兔子图层拖动至数字图层的下面。

（35）在图层面板中，如图 6-58 所示，以"图层 1"为当前选择图层。

（36）按组合键 Ctrl+T，将鼠标指向控制框的外角，如图 6-59 所示，旋转图形一定的角度。

（37）在图层面板中，如图 6-60 所示，设置图层的不透明度为 50%，目的是为了能够看清楚下面的图层。

图 6-57　调整图层

图 6-58　选定当前图层

图 6-59　旋转图层

图 6-60　设置图层的不透明度

（38）激活工具箱中的"多边形套索工具"，在其相应的属性栏中设置"羽化"值为 1 像素。如图 6-61 所示，沿兔子的大拇指边缘绘制选区。

（39）按 Delete 键删除，并将该图层不透明度调回 100%，效果如图 6-62 所示。

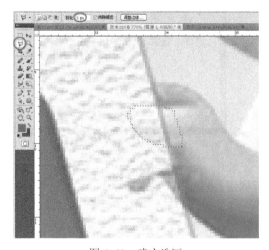

图 6-61　建立选区

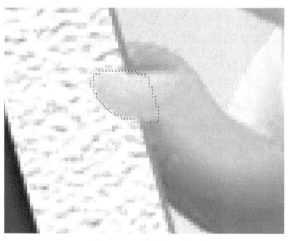

图 6-62　删除选区内容

（40）如图 6-63 所示，这样就会呈现出兔子手拿数字"1"卡片的效果。

（41）仍以该图层为当前图层，为图形添加"投影"图层样式，设置如图 6-64 所示的参数。

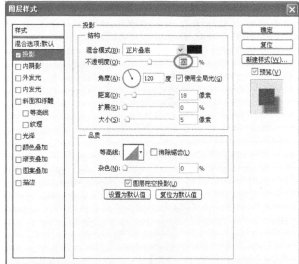

图 6-63　旋转效果　　　　　　　　　　图 6-64　"图层样式"对话框

（42）单击"确定"按钮，则添加"投影"图层样式后的效果如图 6-65 所示。但是拇指部分也被阴影遮盖了，因此需要调整。

（43）在图层面板中，如图 6-66 所示，以"图层 2"为当前选择图层。

图 6-65　"投影"后的效果　　　　　　　图 6-66　选定当前图层

（44）激活"多边形套索"工具并套取拇指部分，如图 6-67 所示。

（45）按组合键 Ctrl+C 复制，再按组合键 Ctrl+V 粘贴，如图 6-68 所示，形成新的图层"图层 3"。将"图层 3"拖动至图层的最顶端。

（46）如此调整后，如图 6-69 所示拇指就不会被阴影遮盖了。

（47）如图 6-70 所示，在图层面板中新建图层"图层 4"。

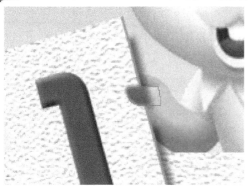

图 6-67　建立选区

图 6-68　粘贴选区

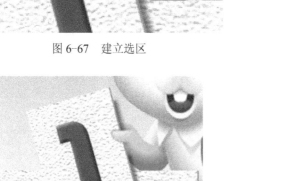

图 6-69　移动图层效果

图 6-70　新建图层

（48）激活工具箱中的"圆角矩形"工具，在其相应的属性栏中，如图 6-71 所示设置相应的参数。然后在画面的下方绘制一个圆角矩形。

图 6-71　绘制圆角矩形

（49）激活工具箱中的"多边形套索"工具，在圆角矩形上绘制如图 6-72 所示的形状并填充黑色。

（50）单击菜单"窗口"→"样式"命令，打开样式面板，如图 6-73 所示选择预设样式。

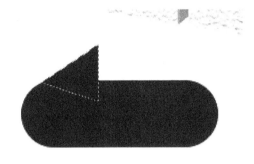

图 6-72 绘制选区

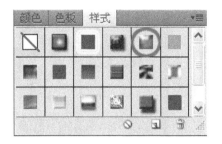

图 6-73 样式面板

（51）添加样式后的效果如图 6-74 所示。

（52）激活工具箱中的"横排文字蒙版工具"，如图 6-75 所示。

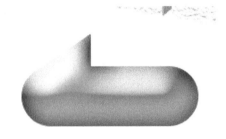

图 6-74 样式效果

图 6-75 激活"横排文字蒙版工具"

（53）如图 6-76 所示，在图形上面输入英文字母"Happy"，调整好字母大小和字体。

（54）按 Delete 键删除选区，效果如图 6-77 所示。

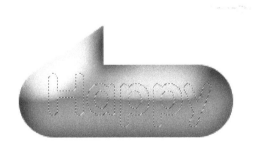

图 6-76 输入蒙版文字

图 6-77 填充颜色

（55）再输入其他一些文字并旋转一定的角度，效果如图 6-78 所示。贺卡效果制作完成，此时图层面板如图 6-79 所示。

图 6-78　贺卡效果　　　　　　　　　　图 6-79　图层面板

6.4　相关知识链接

1．标准贺卡印刷制作尺寸的大小一般分为：112×350mm、143×210mm、168×240mm、185×260mm、 210×276mm 等常见的几种，其他尺寸贺卡下单时需要注明尺寸大小。

2．贺卡印刷样式一般分为：邀请卡、圣诞贺卡、新年卡、明信片、生日卡、情人卡、节日卡、母亲卡、感谢卡、思念卡等样式。

3．贺卡制作常用的工具软件：CorelDRAW、Illustrator、Photoshop 等软件。

4．贺卡格式要求：

（1）应用 CorelDraw 软件设计贺卡需保存成 CDR 格式，使用 CorelDraw 特效的图形，要转换成位图，位图分辨率要大于 350dpi。

（2）应用 Illustrator 软件设计贺卡要存成 EPS 格式，外挂的影像文件，需附图片文档。

（3）应用 Photoshop 软件设计贺卡要存成 TIF 或 JPG 格式，文件分辨率要 350dpi 以上。

5．贺卡制作文件的色彩模式请设为 CMYK 模式，不可用专色或 RGB 模式。

6．线条低于 0.076mm，印刷将无法显现，需设定不小于 0.076mm。

7．颜色设定值不能低于 8%，以免颜色无法显现。

8．颜色说明：

（1）不能以屏幕或打印稿的颜色来要求印刷色，填色时不能使用专色，在制作时务必参照 CMYK 色值的％数来制作填色。

（2）相同文件在不同次的印刷时，色彩都会有轻微差异，咖啡色、墨绿色、深紫色等，更易出现偏色问题，属正常的情况。

第7章

数码图像合成设计——动作、通道、蒙版的应用

图像合成，属图像处理的范畴，主要指把两个以上的视频或图像信号通过加工处理、叠加或组合在一起，创作出新的图像效果；对原始素材进行深度加工处理，使之产生新的艺术效果。若将传统的影视制作比作以时间为轴的叙述，图像合成则是于同一时刻在空间的领域进行创作，在二维的画面中表现出空间的层次感，增强画面的表现力，使所传递的信息越来越丰富，形成一套独特的创作手法。

随着数字技术、计算机技术的迅猛发展，近几年来图像技术在不断优化的同时也发生了质的飞跃，特色各异的合成软件以及功能强大的数字合成系统，使得合成的概念正在被逐步完善。

7.1　数码图像案例分析

下面，我们以如图 7-1 所示的案例为主线来介绍数码图像合成设计的相关内容。

图 7-1　图像合成效果

1．创意定位

徐志摩那首《再别康桥》中飘离的诗意常常袭扰着我：轻轻地我走了，正如我轻轻地来，挥一挥衣袖，不带走一片云彩……曾几何时，面对墙上的照片，怀念之情油然而生，有始无结。自己动手将这些相片制作成桌面壁纸，使刻板的图片变得含蓄而丰富多彩，如此，心情也会变的愉悦一些。

2．所用知识点

- 滤镜命令（高斯模糊、彩色半调、水波纹等）
- 快速蒙版的使用
- 蒙版和通道（颜色通道和 Alpha 通道）
- 图层透明度的调整
- 图层模式

3．制作分析

制作过程分为 3 个环节完成。
- 为了使原始图像更加出色，运用了"图像"→"调整"中的相关命令。
- 将人物保存选区，运用了快速蒙版与通道命令。
- 将人物粘贴入选区中，运用了图层蒙版命令。

7.2　知　识　卡　片

7.2.1　动作与通道的应用

在 Photoshop CS5 中，用户可以将一系列命令组合为某个动作，从而使任务的执行自动化。例如当用户希望将创建某个案例效果的过程中所用到的一系列滤镜效果记忆下来，以便将来应用于其他对象效果中，只需将这些操作步骤全部或部分录制成动作即可达到目的。

1．内置动作命令的载入与运行

在 Photoshop CS5 中已经为用户设置了许多动作效果，单击菜单"窗口"→"动作"命令，打开动作浮动面板，然后单击倒三角形按钮，如图 7-2 所示，这些内置的动作命令将常用效果的制作过程分为 10 类，分别是"默认动作"、"命令"、"画框"、"图像效果"、"LAB-黑白技术"、"制作"、"流星"、"文字效果"、"纹理"、"视频动作"。这 10 类动作命令组各自又包含多种不同的效果命令，每一种效果由一系列命令组合在一起，用户只须单击运行命令即可为对象添加指定的效果。若在组合命令中设置了中断点，则运行至该处时处理过程便暂时中断，等待用户输入参数，然后继续运行命令，直至结束，这样便可达到预期的效果。同样用户也可使用"动作"面板录制自己设定的某些特殊效果，以便将来运用。

运用方法：

（1）打开图像如图 7-3 所示，如果所打开的图像带有图层，则要将所有图层合并后再执行相关命令。

图 7-2　动作浮动面板

图 7-3　原图

（2）单击图 7-2 中的"图像效果"命令，在其展开的下拉菜单中，选择"霓虹灯光"命令，然后单击如图 7-4 所示底部的播放按钮，效果如图 7-5 所示。

图 7-4　选择"霓虹灯"选项

图 7-5　"霓虹灯"效果

（3）激活文字工具，输入如图 7-6 所示的文字"呼唤、等待"，然后执行文字动作中的"喷色蜡烛"命令，效果如图 7-7 所示。

图 7-6　输入文字

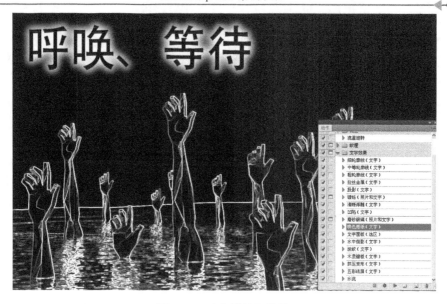

图 7-7 "喷色蜡烛"效果

2．用户自定义动作命令

（1）创建新动作前首先应新建一个动作组，以便将动作保存在动作组中，如果不创建新的动作组，则新建的动作会保存在面板中当前的动作组中。

（2）打开一张图片，如图 7-8 所示，同时确认打开了动作面板。

（3）单击菜单"视图"→"标尺"命令，将鼠标指向标尺，分别从上、下、左、右拖出对称的辅助线。然后激活文字工具分别输入如图 7-9 所示的文字。

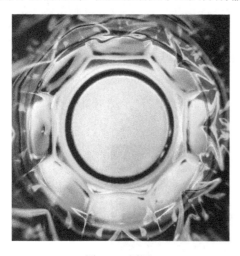

图 7-8　原图

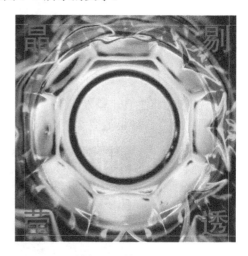

图 7-9　输入文字

（4）单击菜单"视图"→"显示额外内容"命令，关闭辅助线。按住 Ctrl 键并单击图层面板中文字层缩略图载入选区，效果如图 7-10 所示。

（5）合并图层，保留选区。单击面板中的"新建动作"按钮，打开其对话框，如图 7-11 所示，单击"确定"按钮，新建一个"动作 1"。

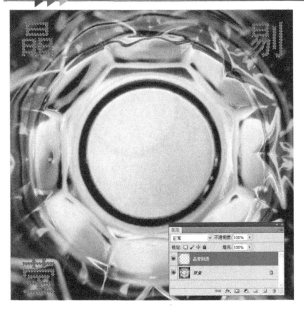

图 7-10　载入选区　　　　　　　　　　　　图 7-11　"新建动作"对话框

（6）确保选区存在。单击图层面板中的"新建图层"按钮，新建"图层 1"，单击菜单"编辑"→"填充"命令，在其弹出的对话框中，如图 7-12 所示，选择必要的色彩。单击"确定"按钮即可。

（7）单击菜单"编辑"→"描边"命令，在其弹出的对话框中，如图 7-13 所示，选择必要的描边色彩。单击"确定"按钮。

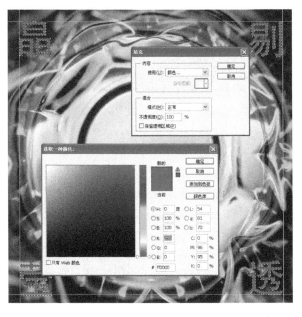

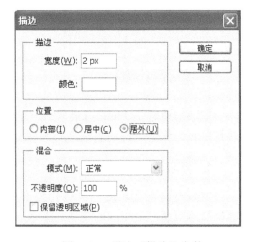

图 7-12　设定"填充"色彩　　　　　　　　图 7-13　设定"描边"参数

（8）按组合键 Ctrl+T，如图 7-14 所示设置缩小比例和旋转角度等参数，双击鼠标左键并合并图层，效果如图 7-15 所示，此时选区依然存在。

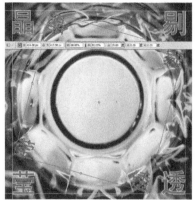

图 7-14　设定属性栏

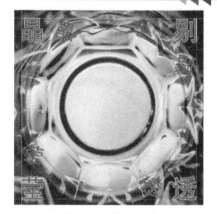

图 7-15　执行参数

（9）如图 7-16 所示，单击动作面板中"停止记录"命令，即可完成动作录制过程。鼠标左键单击"动作 1"，回到起点。然后重复单击"播放"按钮即可完成如图 7-17 所示的效果。

图 7-16　停止记录

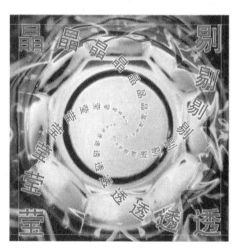

图 7-17　"播放"效果

7.2.2　蒙版与通道

蒙版与通道是 Photoshop 中两个较为抽象的概念，两者在图像处理与合成的过程中起着非常重要的作用，特别是在创建和保存特殊选区及制作特殊效果方面更有其独特的灵活性。

1．蒙版的概念

蒙版是将不同灰度色值转化为不同的透明度，并作用到它所在的图层中，使图层不同部位的透明度产生相应的变化。黑色为完全透明，白色为完全不透明。蒙版还具有保护和隐藏图像的功能，当对图像的某一部分进行特殊处理时，利用蒙版可以隔离并保护其余的图像部分不被修改或被破坏。

根据创建方式的不同，蒙版可分为图层蒙版、矢量蒙版、剪贴蒙版和快速编辑蒙版这 4 种类型。

图层蒙版是位图图像，与分辨率相关，是由绘图工具或选框工具创建的；矢量蒙版与分辨率无关，是由"钢笔"路径工具或形状工具创建的；剪贴蒙版是由基底图层和内容图层创建的；快速编辑蒙版是利用工具箱中的 按钮直接创建的。

2．创建和编辑图层蒙版

在图层面板中选择要添加图层蒙版的图层或图层组，执行下列任意一种操作即可。

（1）单击"图层"→"图层蒙版"→"显示全部"命令，可创建出显示整个图层的蒙版。如果图像中有选区存在，可单击"图层"→"图层蒙版"→"显示选区"命令，根据选区创建显示选区内图像的蒙版。

（2）单击"图层"→"图层蒙版"→"隐藏全部"命令，可创建出隐藏整个图层的蒙版。如果图像中有选区存在，可单击"图层"→"图层蒙版"→"隐藏选区"命令，根据选区创建隐藏选区内图像的蒙版。

在图层面板中单击蒙版缩略图使其成为当前状态，然后在工具箱中选择任意绘图工具，执行下列任意一种操作即可。

● 在蒙版图像绘制黑色，可增加蒙版被屏蔽的区域，并显示更多的图像。
● 在蒙版图像绘制白色，可减少蒙版被屏蔽的区域，并显示更少的图像。
● 在蒙版图像绘制灰色，可创建半透明效果的屏蔽区域。

3．创建和编辑矢量蒙版

矢量蒙版是由形状工具和路径工具创建的，执行下列任意一种操作即可。

● 单击"图层"→"矢量蒙版"→"显示全部"命令，可创建出显示整个图层的矢量蒙版。
● 单击"图层"→"矢量蒙版"→"隐藏全部"命令，可创建出隐藏整个图层的矢量蒙版。
● 当图像中有路径存在并且处于显示状态时，单击"图层"→"矢量蒙版"→"当前路径"命令，可创建显示形状内容的矢量蒙版。

在图层面板或路径面板中单击矢量蒙版缩略图，使其处于当前状态，然后利用钢笔工具或路径编辑工具更改路径形状，即可编辑矢量蒙版。

在"图层"面板中选择要编辑的矢量蒙版层，然后单击"图层"→"栅格化"→"矢量蒙版"命令，可将矢量蒙版转化为图层蒙版。

4．停用和启用蒙版

添加蒙版后，单击"图层"→"图层蒙版"→"停用"命令，或单击"图层"→"矢量蒙版"→"停用"命令，可将蒙版停用，此时图层蒙版中蒙版缩略图上会出现红色的交叉符号，并且图像文件中会显示不带蒙版效果的图层内容。按住 Shift 键反复单击图层蒙版中的蒙版缩略图，可在停用和启用蒙版之间切换。

5．应用或删除图层蒙版

完成图层蒙版的创建后，既可以应用蒙版使其更改永久化，也可以扔掉蒙版而取消更改。

（1）应用图层蒙版

单击"图层"→"图层蒙版"→"应用"命令，或单击图层面板下方的 🗑 按钮，在弹出的对话框中单击"应用"按钮即可，如图 7-18 所示。

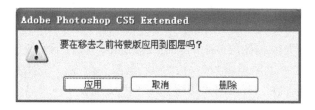

图 7-18 "应用"对话框

（2）删除图层蒙版

单击"图层"→"图层蒙版"→"删除"命令，或单击图层面板下方的 🗑 按钮，在弹出的对话框中单击"删除"按钮即可。

6．取消图层与蒙版的链接

默认状态下，图层与蒙版处于链接状态。当使用移动工具移动图层或蒙版时，该图层及其蒙版会在图像文件中一起移动，取消他们之间的链接后才可以单独移动。

单击"图层"→"图层蒙版"→"取消链接"或单击"图层"→"矢量蒙版"→"取消链接"命令即可取消链接。

在图层面板中，单击图层缩略图与蒙版缩略图之间的"链接"图标，"链接"图标消失，表明图层与蒙版之间已取消链接；再次单击，则"链接"图标出现，表明图层与蒙版之间重新链接。

7．创建剪贴板蒙版

将两个或两个以上的图层创建剪贴蒙版，将利用"创建剪贴蒙版层"下方对象的轮廓来剪切上面的图层内容。

8．剪贴板蒙版应用

（1）打开图像，如图 7-19 所示。激活多变形工具，在其属性栏中，单击"填充像素"按钮，然后如图 7-20 所示选择多边形。

图 7-19 打开原图

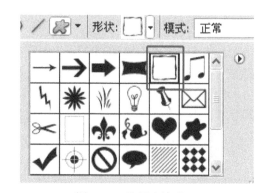

图 7-20 选择多边形

（2）将前景色分别设置为白色与红色，新建"图层 1"，如图 7-21 所示绘制图形，使之两次绘制形成自然交叉。

图 7-21　绘制红白色图框

（3）新建"图层 2"，激活矩形选框工具，绘制如图 7-22 所示的选区并填充新的渐变色。

图 7-22　绘制新的渐变色

（4）以"图层 2"为当前图层，单击菜单"图层"→"创建剪贴蒙板"命令，效果如图 7-23 所示。

图 7-23　创建剪贴蒙板效果

9．释放剪贴蒙版

（1）在图层面板中，选择剪贴蒙版中的任意一个图层，然后单击菜单"图层"→"释放剪切蒙版"命令，即可释放蒙版，将图层还原为相互独立的状态。

（2）按住 Alt 键将鼠标光标放置在分隔两组图层的线上，当光标显示为其他形状时单击，即可释放剪切蒙版。

7.2.3　通道的运用

通道是保存不同颜色信息的灰度图像，可以存储图像中的颜色数据、蒙版或选区。每幅图像根据色彩模式不同，都有一个或多个通道，通过编辑通道中的各种信息可以对图像进行编辑处理。

在通道中，白色代替图像中的透明区域，表示要处理的部分，可以直接添加选区；黑色表示不处理的部分，不能直接添加选区。

1．通道类型

根据通道存储的内容不同，可以分为复合通道、单色通道、专色通道和 Alpha 通道，如图 7-24 所示。

图 7-24 不同通道

（1）复合通道（RGB 通道）：不同色彩模式的图像通道数量不同，默认状态下，位图、灰度和索引色模式的图像只有一个通道，RGB 和 Lab 模式的图像有 3 个通道；CMYK 色彩模式的图像有 4 个通道。

通道面板的最上面一个通道称作复合通道，代表每个通道叠加后的图像颜色，下面的通道是拆分后的单色通道。

（2）单色通道（红、绿、蓝通道）：在通道面板中都显示为灰色，它通过 0～255 级亮度的灰度表示颜色。在通道中很难控制图像的颜色效果，所以一般不采取直接修改颜色通道的方法改变图像的颜色。

（3）专色通道：在进行颜色比较多的特殊印刷时，除了默认的颜色通道，还可以在图像中创建专色通道。如印刷中常见的烫金、烫银或企业专有色等都需要在图像处理时，进行通道专有色的设定。在图像中添加专色以通道后，必须将图像转换为多通道模式才能够进行印刷的输出。

（4）Alpha 通道：单击通道面板底部的 按钮，可以创建新的 Alpha 通道。Alpha 通道是为保存选区而专门设计的通道，其作用主要是用来保存图像中的选区和蒙板。通常在创建一个新的图像时，并不一定生成 Alpha 通道，一般是在图像处理过程中为了制作特殊选区或蒙板而人为生成的，并可从中可以提取选区信息。因此在输出制版时，Alpha 通道会因为与最终生成的图像无关而被删除。但有时也要保留 Alpha 通道，特别在三维软件最终输出作品时，会附带生成一个 Alpha 通道，方便在平面软件中进行后期处理。

2．通道面板

单击菜单"窗口"→"通道"命令，即可打开通道面板。利用通道面板可以对通道进行如下操作。

"指示通道可视性"图标：此图标与图层面板中的相同，单击此图标可以在显示与隐藏该通道之间切换。当通道面板中某一单色通道被隐藏后，复合通道会自动隐藏；当选择或显示复合通道后所有的单色通道全部显示。

通道缩略图：图标右侧为通道缩略图，其主要作用是显示通道的颜色信息。

通道名称：使用户快速识别各种通道。通道名称的右侧为切换该通道的快捷键。

"将通道作为选区载入"按钮：单击此按钮，或按住 Ctrl 键单击某个通道，可以将该通道中颜色较淡的区域载入为选区。

"将选区存储为通道"按钮：单击此按钮，可将图像中的选区存储为 Alpha 通道。

"创建新通道"按钮：单击此按钮可以创建一个新通道。

"删除当前通道"按钮：可以将当前选择或编辑的通道删除。

3．创建新通道

新建的通道主要有两种形式，分别为 Alpha 通道和专色通道。

（1）Alpha 通道的创建：单击通道面板右上的按钮，在弹出菜单中选择"新建通道"选项，或按住 Alt 键单击通道面板下方的按钮，在弹出的对话框中，如图 7-25 所示选择相应参数，单击"确定"按钮即可。

（2）专色通道的创建：单击通道面板右上的按钮，在弹出菜单中选择"新建专色通道"选项，或按住 Ctrl 键单击通道面板下方的按钮，在弹出的对话框中，如图 7-26 所示选择相应参数，单击"确定"按钮即可。

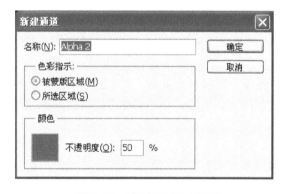

图 7-25 "新建通道"对话框　　　　图 7-26 "新建专色通道"对话框

4．通道的复制与删除

单击通道面板上的按钮，在弹出菜单中选择"复制或删除通道"选项即可对当前通道执行复制或删除操作。也可以将要"复制或删除通道"作为当前通道，单击鼠标右键，在弹出的菜单中，如图 7-27 所示选择相应选项即可。

5．将颜色通道显示为原色

在默认状态下，单色通道以灰色图像显示，但也可以将其以原色显示。单击菜单"编辑"→"首选项"→"界面"命令，在其对话框中选择"用彩色显示通道"复选项，单击"确定"按钮即可，如图 7-28 所示。

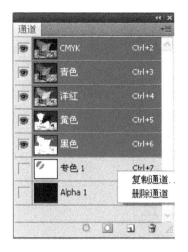

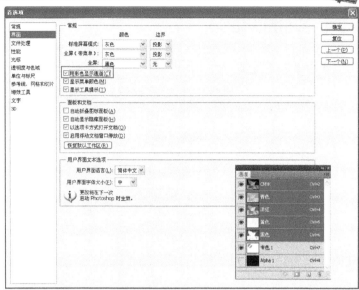

图 7-27　复制通道　　　　　　　　　　图 7-28　"首选项"对话框

6．分离通道

在图像处理过程中，有时需要将通道分离为多个单独的灰色图像，然后分别编辑处理，从而制作出各种特殊的图像效果。

对于只有背景图层的图像文件，单击通道面板上的按钮 ▆▆，在弹出菜单中选择"分离通道"选项命令，即可将图像中的颜色通道、Alpha 通道和专色通道分离出多个独立的灰度图像。此时源图像被关闭，生成的灰度图像以原文件名和通道缩写形式重新命名。

7．合并通道

图 7-29　"合并通道"对话框

分离后的图像同样可以再次合并为彩色图像。将改造后的相同像素、尺寸的任意一幅灰度图像为当前文件，单击通道面板上的按钮 ▆▆，在弹出的快捷菜单中选择"合并通道"选项命令，在其对话框中，如图 7-29 所示，选择必要的参数，单击"确定"按钮即可。

"模式"：用于指定合并图像的颜色模式，其下拉列表中包括"RGB 颜色"、"CMYK 颜色"、"Lab 颜色"和"多通道"4 种颜色模式。

"通道"决定合并图像的通道数目，该数值由图像的色彩模式决定。当选择"多通道"模式时，可以有任意多的通道数目。

8．通道与蒙版运用

利用"应用图像"和"计算"命令，可以将图像中的图层或通道混合起来，得到特殊的图像融合效果。需要特别注意的是采用该命令时，两个图像的文件尺寸、分辨率必须一致，否则无法执行该命令。

7.2.4 应用图像命令

单击菜单"图像"→"应用图像"命令，弹出对话框中，如图 7-30 所示。

图 7-30 "应用图像"对话框

"源"：设置与目标对象合成的图像文件。如果当前窗口中打开了多个图像文件，在此选项的列表中会一一罗列出来，供与目标对象合成时选择。

"图层"与"通道"：设置要与目标对象合成时参与的图层和通道。如果图像文件包含多个图层，则在图层列表中选择"合并图层"时，将使用源图像文件的所有图层与目标对象进行合成。如果只有背景图层，则反应出来的只有"背景"图层。

"反相"：选择此复选项，将在混合图像时表现为通道内容的负片效果。

"目标"：即当前将要执行的文件。

"不透明度"：用于设置目标文件的不透明度。

"保留透明区域"：选择此复选项，混合效果只应用到结果图层中的不透明区域。

"蒙版"：选择此复选项，将通过蒙版表现混合效果。可以选择任何颜色通道、选区或 Alpha 通道作为蒙版。

应用方法：

如果将两幅图像执行"应用图像"命令，其先决条件是这两幅图像必须是打开的，且具有相同的文件大小尺寸。打开如图 7-31 和图 7-32 所示的两个图像。

图 7-31 原图

图 7-32 原图

（1）单击菜单"图像"→"应用图像"命令，在弹出的对话框中，如图 7-33 所示进行设置，单击"确定"按钮，效果如图 7-34 所示。

图 7-33 "应用图像"对话框

图 7-34 "应用"效果

（2）改变"源"图像，如图 7-35 所示设置参数，单击"确定"按钮，效果如图 7-36 所示。

图 7-35 "应用图像"对话框

图 7-36 "应用"效果

7.2.5 计算命令

该命令用于混合一个或多个图像的单个通道，可以将混合后的效果应用到当前图像的选区中，也可以应用到新图像或者新通道中。应用此命令可以创建新的选区和通道，也可以创建新的灰度图像文件，但无法生成彩色图像。

单击菜单"图像"→"计算"命令，在弹出的"计算"对话框中进行设置，如图 7-37 所示。

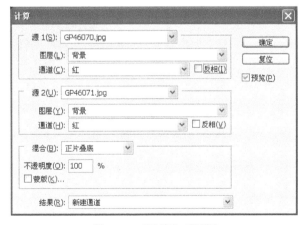

图 7-37 "计算"对话框

"源 1"和"源 2":可在其打开的下拉列表中分别选择二者。系统默认的源图像文件为当前选中的图像文件。

"图层":可在其打开的下拉列表中分别选择参与运算的图层,当选择"合并图层"时,则使用源图像文件中的所有图层参与运算。

"通道":用于选择参与计算的通道。

"结果":可在此下拉列表中选择混合放入的位置,包括"新建文档、"新建通道"和"选区"3 个选项。

应用方法:

(1)以图 7-31 和图 7-32 为操作对象,单击菜单"图像"→"计算"命令,在弹出的对话框中进行设置,如图 7-38 所示,单击"确定"按钮,效果如图 7-39 所示。

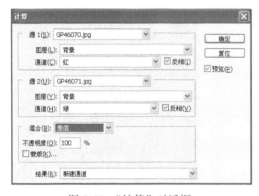

图 7-38 "计算"对话框　　　　　　　图 7-39 "计算"效果

(2)改变"源"图像,如图 7-40 所示设置参数,单击"确定"按钮,效果如图 7-41 所示。

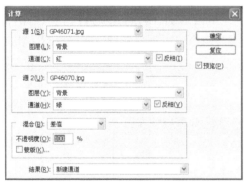

图 7-40 "计算"对话框　　　　　　　图 7-41 "计算"效果

7.3　实 例 解 析

7.3.1　影像合成案例 1

下面主要用通道来进行简单的图像合成。

（1）打开图片"旧书"，如图 7-42 所示，然后激活"多边形套索"工具，在书的局部绘制选区。

图 7-42　素材

（2）保持选区存在。单击菜单"窗口"→"通道"命令，在通道面板上新建"Alpha1"通道，将选区中填充默认的白色，效果如图 7-43 所示。

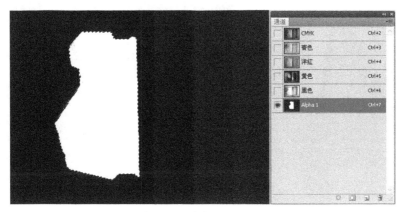

图 7-43　填充 Alpha 通道

（3）取消选区，单击菜单"滤镜"→"模糊"→"高斯模糊"命令，如图 7-44 所示，设置参数半径 15。单击"确定"按钮，效果如图 7-45 所示。

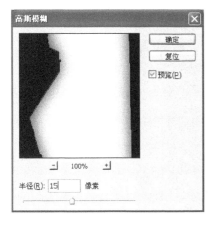

图 7-44　"高斯模糊"对话框

图 7-45　"高斯模糊"效果

（4）单击 RGB 通道，回到标准状态。按住 Ctrl 键的同时，用鼠标左键单击"Alpha1"通道，载入选区。返回图层面板，单击该图层。若是背景层，用鼠标双击背景图层，如图 7-46 所示，单击"确定"按钮，即可将背景图层转化为图层 0。这样在通道中设置的选区已完成。

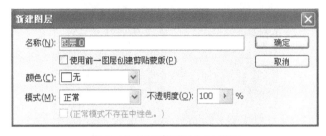

图 7-46 "新建图层"对话框

（5）这一步做神奇的"合成"效果，打开图片如图 7-47 所示。按组合键 Ctrl+A 全选该图片并复制。激活"旧书"图层中，单击菜单"编辑"→"选择性粘贴"→"贴入"命令，如图 7-48 所示，按组合键 Ctrl+T 调整至合适大小。

图 7-47 素材

图 7-48 粘贴并调整素材

（6）此时的合成还显得很生硬，将图层面板中的图层模式"正常"改为"正片叠底"模式，这样两张图片非常自然的合成在一起了，效果如图 7-49 所示。

图 7-49 "正片叠底"效果

7.3.2　影像合成案例 2

下面主要用快速蒙版来进行简单的图像合成。

本案例主要解决人物动作与形体的改造，从弹跳到入水，发生一连串动作的变化过程。

（1）打开图像并将人物选择（利用魔术棒等相关工具），如图 7-50 所示并将其复制。防止在变化过程中发生太大变化。

（2）考虑落水动作的规范，应该将双手适当合并，因此该过程主要通过编辑菜单中的"控制变形"命令来完成双手合并的动作。如图 7-51 所示，根据主要关节部位，从右边依次添加图钉并调整位置，然后再调整左边，在调整过程中，根据情况变化，需要在右边继续添加图钉，效果如图 7-52 所示。

图 7-50　复制图像

图 7-51　调整左臂

图 7-52　调整右臂

（3）打开另外一张图片，将调整好的人物复制后并旋转，效果如图 7-53 所示。此时图层面板如图 7-54 所示。

图 7-53　复制新文件

（4）以背景图层为当前图层，激活"椭圆"选区工具，在如图 7-55 所示位置绘制选区。

图 7-54　图层面板

图 7-55　绘制选区

（5）单击菜单"滤镜"→"扭曲"→"水波"命令，弹出对话框，如图 7-56 所示设置参数，单击"确定"按钮，效果如图 7-57 所示。

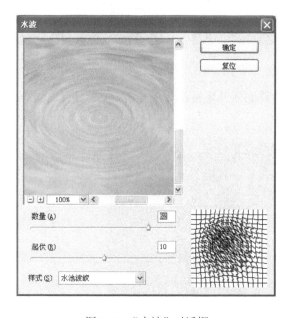

图 7-56　"水波"对话框

图 7-57　水波效果

（6）以"图层 1"为当前图层，单击工具箱底部的"快速蒙版"按钮，如图 7-58 所示。激活"渐变"工具，从人物中间部位置向下拖移，形成入水的效果，如图 7-59 所示。

图 7-58　快速蒙版

图 7-59　入水的效果

7.3.3　**影像合成案例** 3

图 7-60　素材

（1）打开图片如图 7-60 所示。打开图层面板，单击底部的"创建新图层"按钮，新建"图层 1"并将其填充白色。

（2）打开通道面板，单击底部的"创建新通道"按钮，新建通道 Alpha1，效果如图 7-61 所示。

（3）激活矩形选框工具，绘制如图 7-62 所示的矩形。再激活渐变工具，如图 7-63 所示设置渐变参数，从选区中心向下垂直作渐变效果。

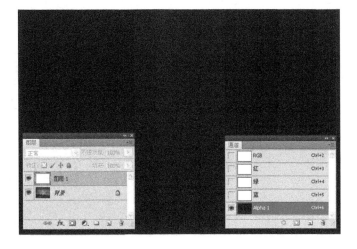

图 7-61　新建通道"Alpha1"

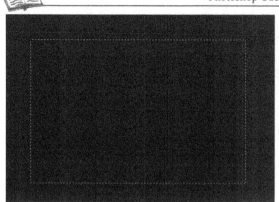

图 7-62　绘制选区

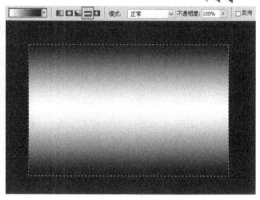

图 7-63　作渐变效果

（4）取消选区。单击菜单"滤镜"→"模糊"→"高斯模糊"命令，弹出对话框，如图 7-64 所示设置参数，单击"确定"按钮，效果如图 7-65 所示。

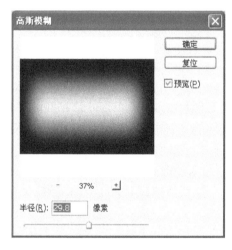

图 7-64　"高斯模糊"对话框

图 7-65　高斯模糊效果

（5）单击菜单"滤镜"→"像素化"→"彩色半调"命令，弹出对话框，如图 7-66 所示设置参数，单击"确定"按钮，效果如图 7-67 所示。

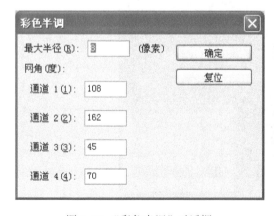

图 7-66　"彩色半调"对话框

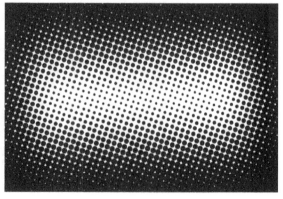

图 7-67　彩色半调效果

（6）如图 7-68 所示，单击 RGB 通道返回原状态，按住 Ctrl 键单击"Alpha1"通道。
激活渐变工具，填充"红绿"渐变色，效果如图 7-69 所示。

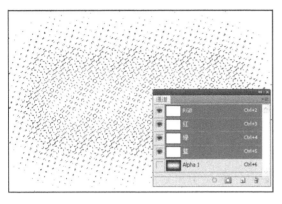

图 7-68　RGB 通道效果

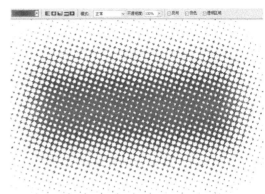

图 7-69　填充效果

（7）单击菜单"选择"→"反向"命令，然后按 Delete 键删除选区内容，效果如图 7-70
所示。

（8）调整图层面板上的"透明度"，如图 7-71 所示，输入文字即可。这就是经典的
"波尔卡夫点"的制作过程。

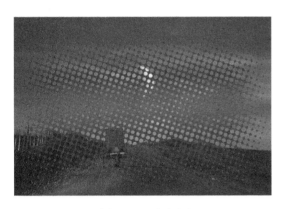

图 7-70　删除内容

图 7-71　改变透明度效果

7.4　常用小技巧

Photoshop 中的大多数命令和工具操作都可以记录在动作中。即使有些操作不能被
记录，例如使用绘画工具等，但也可以通过插入停止命令，使动作在执行到某一步时
暂停，然后便可以对文本进行修改，修改后可继续播放后续的动作。Photoshop 可记录
的动作大致包括用选框、移动、多边形、套索、魔棒、裁剪、切片、魔术橡皮擦、渐
变、油漆桶、文字、形状、注释、吸管和颜色取样器等工具执行的操作，也可以记录
在"色板"、"颜色"、"图层"、"样式"、"路径"、"通道"、"历史纪录"和动作面板中
执行的操作。

7.5 相关知识链接

1. 数码摄影应该注意的问题

（1）拍摄时尽可能的使用三角架，一方面可以提高图像在实际像素下的清晰度，另一方面可保证曝光量。

（2）合理使用感光度（ISO 值），数码相机感光度值一般分为 ISO50，100，200，400，800，甚至 1600 光线充足的情况下使用低感光度，如阳光充足的海边沙滩；光线较弱时使用高感光度，（这样快门速度相对提高，减弱因快门速度过慢而引起的图像模糊）如灯光昏暗的酒吧。

在调整感光度时不可忽视的一点是，低感光度拍摄噪点相对少，图像较细腻；高感光度拍摄噪点相对多，图像较粗糙。

（3）正确使用白平衡，白平衡通俗的讲就是数码相机感光元件对实际光线色温的一种调整，使画面颜色还原度达到最佳。白平衡一般分为阳光、阴影、白炽灯和荧光灯，拍摄时选择与拍摄场景光线相对应的模式即可。

使用闪光灯的情况下拍摄人像，要使用防红眼功能。

数码相机与传统相机的区别在于感光元件的不同。数码相机的感光元件随着工作时间的过长温度会提高，这时所拍摄的图像噪点明显。建议适当关闭相机给其一个降温的时间，特别是长时间的曝光。

2. 数码照片后期处理

Photoshop 尤其在数码照片后期处理方面功能强大，但是切忌忽视拍摄的质量，过于依赖后期的处理。好的图片在拍摄时就已经产生，经过后期处理会更加出色。

数码照片后期处理，在图像的调整方面务必谨慎，以免"伤"图，图片中的大量信息会因为调整不当而影响图片的质量层次，除非有特殊的效果要求。

第 8 章

装帧设计——修复工具、图章工具、修饰工具

书籍装帧设计指书籍的整体设计。它包括很多内容，其中封面设计、扉页设计和插图设计是其三大主体设计要素。封面设计是书籍装帧设计艺术的门面，书中扉页犹如门面里的屏风，插图设计是活跃书籍内容的一个重要因素。

一般来说，在构思书的整体结构和风格的时候，要把握好方向，是做儿童书籍还是成人书籍；是商业还是公益；是做经折装还是做精装书；其封面、封底、环衬、扉页、护封、腰封、内容页、版权页等都要围绕这个主题，要有统一的格调，如此才能达到理想的艺术效果。

8.1 画册装帧设计案例分析

1. 创意定位

如图 8-1 所示，该书籍是一本描写兔子聪明才智的画册，以卡通的形像出现，能够尽可能使孩子们感受到轻松愉快，带来更多的艺术享受和精神享受。此书在封面设计上也是尽可能围绕这一主题，来突出一种轻松、简单、愉快的感觉。这样的设计也是为了配合书的内容和当初设计此书想要达到的某种艺术效果而进行整体设计的。

既然是表现梦想的主题，无论是图形还是色彩都要运用的像梦一样轻盈。

图 8-1 儿童书籍装帧设计

2．所用知识点

上面的商业插图中，主要用到了 Photoshop CS5 软件中的以下命令。

● 自定形状工具
● 滤镜工具
● 加深、减淡工具
● 钢笔路径工具
● 图像调整命令组
● 变形透视工具

3．制作分析

此书籍装帧制作分为 4 个环节。

● 草图：运用了自定形状工具、高斯模糊、钢笔、描边等工具。
● 制作封面：运用了画笔工具、加深工具、减淡工具、提亮工具、变形透视等工具。
● 调整：运用了曲线调整命令、加深等工具。
● 立体整合：运用了直线工具、图层样式等命令。

8.2 知 识 卡 片

修复与修饰工具是 Photoshop 中非常精彩的一部分内容，利用修复工具可以将有缺陷的照片（如闭眼、有多余人物等）进行修复，也可以将操作不满意的图像进行还原；而利用修饰工具可对图像进行模糊、锐化、涂抹、提亮、加深、去色和加色等效果的添加。

8.2.1 修复工具组

Photoshop 中的修复工具组包括污点修复画笔工具、修复画笔工具、修补工具和红眼工具。利用这些工具可以对照片和图像进行美化和修改，让照片变得更加完美。

1．污点修复画笔工具

使用污点修复画笔工具可以快速去除照片中的污点和斑点等不理想的部分。激活污点修复画笔工具，其属性栏如图 8-2 所示。

图 8-2　污点修复画笔工具的属性栏

● 画笔 ：用于设置污点修复画笔的笔尖形状及大小。单击此选项右侧的按钮，弹出的设置面板如图 8-3 所示。

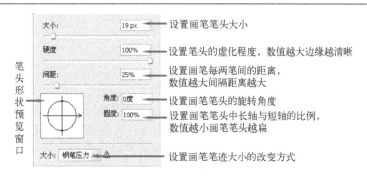

图 8-3　笔尖形状及大小

- 模式：用来设置修复图像时使用的混合模式。
- 类型：用来设置修复的方法。选择"近似匹配"选项，可以使用选区周围的像素来修复图像的缺陷；选择"创建纹理"选项，可以使用选区中的所有像素创建一个纹理来修复图像的缺陷。选择"内容识别"选项，可比较附近的图像内容，不留痕迹地填充选区，同时保留让图像栩栩如生的关键细节，如阴影和对象边缘。
- 对所有图层取样：如果当前文档中包含多个图层，勾选此选项，可以从所有可见图层中进行取样；否则只能从当前图层中取样。
- 绘图板压力控制大小按钮：如果使用图形绘制绘图板（例如 Wacom® 绘图板），则可以通过钢笔压力、角度、旋转或光笔轮来控制污点修复画笔工具的应用。

如图 8-4 所示，图中画像中在眉毛和腮上有两个痣，运用此工具则可以非常简单地修复。激活工具，然后在属性栏中设置合适的画笔大小和选项，再在图像的污点位置单击，即可去除污点，效果如图 8-5 所示。

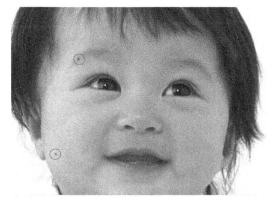

图 8-4　原图

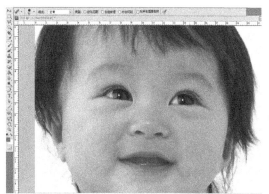

图 8-5　修复效果

2．修复画笔工具

修复画笔工具在修复图像时，要先进行取样。先按住 Alt 键吸取没有缺陷的图像作为样本，然后在要修复的图像区域拖动，将吸取的样本复制到此处与下方图像融合，从而对图像进行修复。

激活"修复画笔工具"，其属性栏如图 8-6 所示。

图 8-6　修复画笔工具的属性栏

● "仿制源"按钮

单击该按钮，可以打开/关闭"仿制源"面板，"仿制源"面板可以设置不同的样本源，并且还可以显示样本源的叠加，以帮助用户在特定的位置仿制源。还可以缩放或旋转样本源以特定的大小和方向进行复制，使其更好地与图像文件相匹配。

（1）打开图片如图 8-7 所示，然后在修复画笔工具的选项栏中单击 按钮，调出如图 8-8 所示的"仿制源"面板，其中上部的 5 个按钮表示最多可以设置 5 个不同的取样源，并且面板会一直存储样本源，直到关闭图像文件。

图 8-7　原图

图 8-8　"仿制源"面板

（2）单击仿制源按钮 ，然后按住 Alt 键并用鼠标在画面中需要仿制的部位单击，如图 8-9 和图 8-10 所示，设置取样点。如果需要其他取样点，则再激活下一个仿制源按钮 ，然后继续取样。

图 8-9　设置取样点

图 8-10　"仿制源"面板

（3）输入 W（宽度）或 H（高度）值，缩放所仿制的源，如图 8-11 所示。单击 按钮将其关闭，可单独调整图像的宽度和高度。在 X 和 Y 选项窗口中输入数值，可在相对于取样点的精确位置上进行图像复制；在文本框中输入数值，可设置仿制源的旋转角度，如图 8-12 所示。

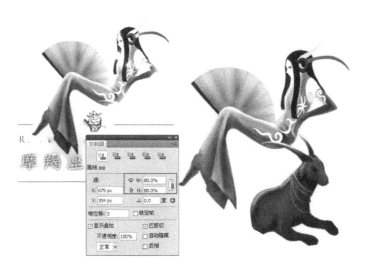

图 8-11　调整宽、高

图 8-12　设置旋转角度

（4）重置转换 ↻：单击该按钮，可以将样本源恢复到初始时的大小和方向。

（5）帧位移、锁定帧：修复画笔工具可在视频帧和动画帧中仿制内容。设置"帧位移"数值，可将取样点设置为其他帧中的图像，输入正值时，要使用的帧在取样帧之后；输入负值时，要使用的帧在取样帧之前。勾选"锁定帧"选项，将锁定取样点的图像，即总是使用初始取样图像进行绘制。

（6）显示叠加：勾选此选项，可以在使用修复画笔时，更好地查看仿制源与其下面的图像。

（7）不透明度：可设置叠加的不透明度。

（8）已剪切：勾选此选项，可以将叠加剪切到画笔大小；否则将以整个图像跟随画笔进行绘制。

（9）自动隐藏：可在应用绘画描边时隐藏叠加。

（10）反相：勾选此选项，将反相显示仿制源图像。

（11）[正常▼]：可在下拉列表中选择一种仿制源的混合模式，包括正常、变暗、变亮和差值。

● 模式：在右侧的选项窗口中可以设置修复的混合模式。

● 源：选择用于修复图像的源。当选择"取样"时，可以从图像的像素上取样，如图8-13所示；选择"图案"时，可以在图案选项窗口中选择一个图案作为取样。然后按住鼠标左键拖动，在拖动过程中恰好复制的是图案的效果，如图8-14所示；松开鼠标后，图案会根据背景色彩而改变，如图8-15为图像合成图案后的效果。

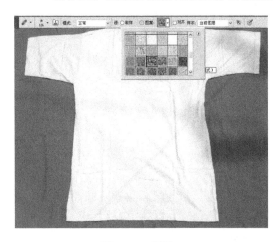

图 8-13　原图

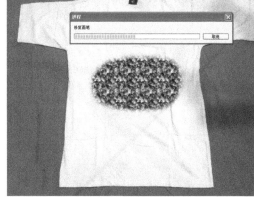

图 8-14　复制过程

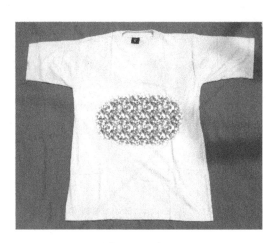

图 8-15　效果

● 对齐：勾选该选项，会对像素进行连续取样，在修复过程中，取样点随修复位置的移动而变化，不会因为松开鼠标左键而变化；取消勾选，则在修复过程中始终以一个取样点为起点。

● 样本：用来设置从指定的图层中进行取样。如果要从当前图层及其下方的可见图层中取样，可选择"当前和下方图层"；如果仅从当前图层中取样，可选择"当前图层"；如果要从所有可见图层中取样，可选择"所有图层"。

● 忽略调整图层按钮 ：当在"样本"选项中选择"当前和下方图层"及"所有图层"时，此按钮将变得可用。激活此按钮，将从调整图层以外的可见图层中取样。

3．修补工具

修补 ⬤ 工具，可以用其他区域或图案中的像素来修复选中的区域。与修复画笔工具一样，修补工具会将样本像素的纹理、光照和阴影与源像素进行匹配。但该工具的特别之处是，需要选区来定位修补范围。

通常在需要修补的部位拖动鼠标创建选区（也可先利用其他选区工具创建选区），然后将鼠标光标移动到选区中按下左键，然后拖动选区到被选用作为修补的对象处，松开鼠标左键即可对选区中的图像进行修复。激活 ⬤ 工具，其属性栏如图 8-16 所示。

图 8-16　修补工具的属性栏

● 选区创建方式：激活新选区按钮 ▣，可以创建一个新选区，如果图像包含选区，则原选区将被新选区替换；激活添加到选区按钮 ▣，可以在当前选区的基础上添加新的选区；激活从选区减去按钮 ▣，即可在原选区中减去当前绘制的选区；激活与选区交叉按钮 ▣，即可得到原选区与当前创建的选区相交的部分。

● 源、目标：选择"源"选项时，将选区拖至用作修补的区域，松开鼠标后，该区域的图像会修补原来的选区；如果选择"目标"选项，将选区拖到其他区域时，可以将原区域内的图像复制到该区域，二者正好相反。

● 透明：勾选该选项后，可以使修补的图像与原图像产生透明的叠加效果。

● ［使用图案］：在图案选项窗口中选择一个图案后，单击该按钮，可以使用选择的图案修补选区内的图像。如果需要修复的对象为规则图形时，可以首先运用"选区"工具绘制规则选区，然后再激活修补工具，选择合适的图案后，单击"使用图案"按钮即可完成修复。如图 8-17～8-20 所示为运用"修复"工具的过程。

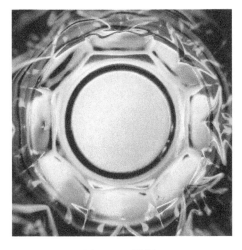

图 8-17　原图

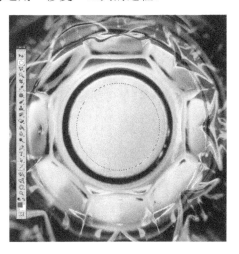

图 8-18　绘制选区

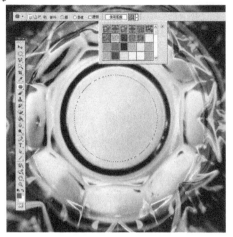

图 8-19　选择图案　　　　　　　　　　图 8-20　效果

4．红眼工具

红眼工具 主要用于去除因闪光灯拍摄人物照片时出现的红眼效果。

红眼是由于相机闪光灯在主体视网膜上反光引起的。在光线暗淡的房间里照相时，由于主体的虹膜张开得很宽，所以会产生红眼效果。激活红眼工具，其属性栏如图 8-21 所示。

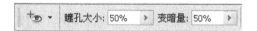

图 8-21　红眼工具的属性栏

- 瞳孔大小：用来设置瞳孔（眼睛暗色中心）的大小。
- 变暗量：用来设置瞳孔的暗度。

使用该工具时，只需将鼠标光标放在红眼的区域单击，即可校正红眼效果。如果效果不满意，还可以执行"编辑"→"还原"命令，在选项栏中设置不同的"瞳孔大小"和"变暗量"，再次进行尝试。

8.2.2　图章工具组

图章工具组中包括仿制图章工具 和图案图章工具 。

1．仿制图章工具

仿制图章工具 常用来在图像中复制信息，然后应用到其他区域或其他图像上。该工具还经常被用来修复图像中的缺陷。激活仿制图章工具，其属性栏如图 8-22 所示。

图 8-22　仿制图章工具的属性栏

- 切换"画笔"面板按钮：单击该按钮，可以打开或关闭"画笔"面板。
- 切换"仿制源"面板按钮：单击该按钮，可以打开或关闭"仿制源"面板。
- 不透明度：用于设置复制图像时的不透明度。
- 绘图板压力控制不透明度按钮：激活此按钮，在使用图形绘制绘图板时，则可以通过绘画板来控制不透明度。
- 流量：决定仿制图章工具在绘画时的压力大小，数值越小画出的颜色越浅。
- 喷枪按钮：激活此按钮，使用仿制图章工具仿制图像时，复制的图像会因鼠标的停留而向外扩展。画笔笔尖的硬度越小，效果越明显。

使用仿制图章工具时，按住 Alt 键在要复制的图像上单击进行取样，然后移动鼠标至合适的位置拖动，即可复制出取样的图像。

2. 图案图章工具

图案图章工具可以利用 Photoshop 为大家提供的图案进行绘画，也可以利用自己定义的图案进行绘画。激活图案图章工具，其属性栏如图 8-23 所示。

图 8-23 图案图章工具的属性栏

"模式"、"不透明度"、"流量"、"喷枪"等选项与仿制图章工具的相同。勾选印象派效果选项，可以使图案图章工具模拟出印象派效果的图案。

使用图案图章工具时，只需在属性栏中选取一个图案，再在画面中单击或拖动鼠标即可绘制选择的图案。

在许多时候，软件自带的图案并不能满足设计需要，因此需要自己设计图案来满足客户的要求。

（1）打开一幅图片，激活矩形选区工具，选择其中的一部分，如图 8-24 所示。单击菜单"编辑"→"定义图案"命令，如图 8-25 所示，在弹出的对话框中单击"确定"按钮，即可将图片定义为图案。

图 8-24 原图

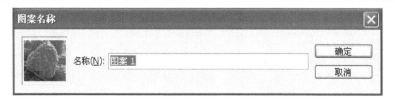

图 8-25 "图案名称"对话框

（2）将选取的图像定义为图案后，定义的图案即显示在"图案选项"窗口中。

（3）新建一个文件，然后选取 ![]工具，并在工具属性栏的"图案选项"窗口中选择如图 8-26 所示刚才定义的图案，勾选"对齐"选项，移动鼠标光标至文档窗口中拖动，即可绘制出如图 8-27 所示的图案效果。如果不勾选"对齐"选项，可绘制出如图 8-28 所示的图案效果。

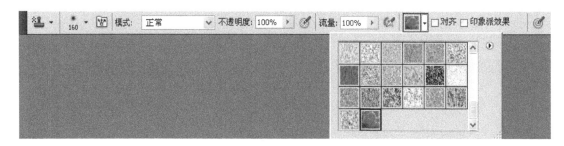

图 8-26　选择图案

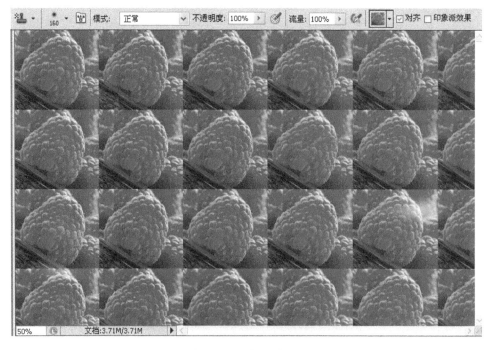

图 8-27　对齐绘制效果

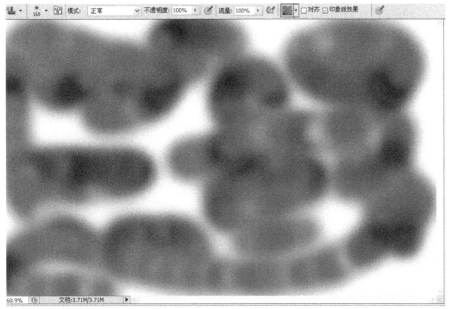

图 8-28　非对齐绘制效果

8.2.3　历史记录工具组

编辑图片时经常会遇到不如意的地方，该工具组中的历史记录画笔工具就是用来对此进行弥补的工具，如果结合"历史记录"面板一起使用，还可以将图像恢复到编辑过程中的某一个步骤。另外，利用历史记录艺术画笔工具还可以在指定的历史记录状态或快照中，为图像添加不同绘画风格的艺术效果。

在使用历史记录工具组中的工具时，打开的图片不能进行大小调整，否则历史记录画笔工具和历史记录画笔艺术工具不能在图像中使用。

1. 历史记录画笔工具

历史记录画笔工具 可以将图像恢复到编辑过程中的某一个步骤，或者将部分图像恢复为原来的状态（即最后一次保存的状态）。该工具主要用于对图像的局部效果进行恢复，如果对修改后的对象整体不满意，单击菜单"文件"→"恢复"命令即可完成。

2. 历史记录艺术画笔工具

像历史记录画笔工具一样，历史记录艺术画笔工具 也是在指定的历史记录状态或快照中为图像应用不同风格的艺术效果。

历史记录艺术画笔 的使用方法与历史记录画笔一样。如图 8-29 所示为历史记录艺术画笔的工具的属性栏。其中，"画笔"、"模式"、"不透明度"等都与画笔工具的相应选项相同。

图 8-29　历史记录艺术画笔工具的属性栏

- 样式：可以在右侧的选项窗口中选择绘画时的画笔样式。其中包含 10 个样式的绘画效果，这些效果会根据对象不同随机产生相应的艺术效果。
- 区域：用来设置绘画时所覆盖的区域。该值越高，覆盖的区域越大，描边的数量也越多。
- 容差：用于设置应用绘画描边的区域。数值为 0 时，可在图像中的任何地方绘制无数条描边，该值为 100 时，绘画描边将限定在源状态或快照中颜色明显不同的区域。

3．历史记录面板

在利用 Photoshop 处理图像时，每一个步骤都会记录在"历史记录"面板中。单击菜单"窗口"→"历史记录"命令即可将其打开。通过该面板可以将图像恢复到操作过程中的某一步骤，也可以再次回到当前的操作状态，还可以将处理结果创建为快照或新的文件。

快照是指在"历史记录"面板中保存某一步操作的图像状态，以便在需要时快速回到这一步。

默认情况下，"历史记录"面板中只记录 20 个操作步骤。当操作步骤超过 20 个之后，则之前的记录被自动删除，以便为 Photoshop 释放出更多的内存空间。要想在"历史记录"面板中记录更多的操作步骤，可单击菜单"编辑"→"首选项"→"性能"命令，在弹出的对话框中，如图 8-30 所示设置"历史记录状态"的值即可，其取值范围为 1～1000。

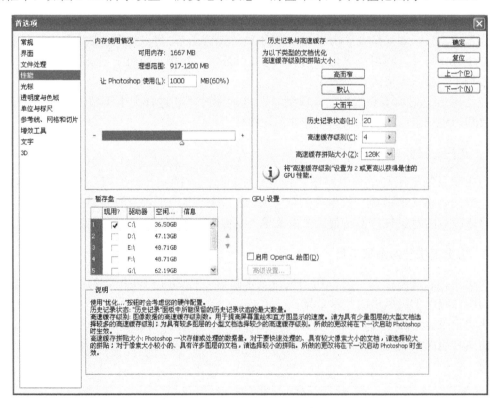

图 8-30 "首选项"对话框

4．认识历史记录面板

打开"历史记录"面板，单击右上角的 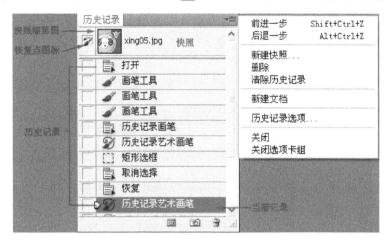按钮，弹出如图 8-31 所示的面板菜单。

图 8-31 "历史记录"面板

- 设置历史恢复点：在快照缩览图前面的 窗口中单击，即可将当前快照设置为历史恢复点，此时 显示为 ，且利用 工具对图像进行恢复时，将恢复到当前快照的图像状态。
- 快照缩览图：被记录为快照的图像状态。
- 当前记录：图像当前的编辑状态。
- 从当前状态创建新文档 ：基于当前操作步骤中图像的状态创建一个新文件。
- 创建新快照 ：基于当前的图像状态创建一个快照。
- 删除当前状态 ：选择一个历史记录，单击该按钮，可将该步骤及后面的操作删除。

在 Photoshop 中对面板、颜色设置、动作和首选项做出的更改不是对某个特定图像的更改，因此不会记录在"历史记录"面板中。

要想保留更多的操作步骤，可利用面板菜单中的"历史记录选项"命令进行进一步的设置，选择此命令，弹出"历史记录选项"对话框，如图 8-32 所示。

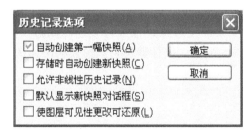

图 8-32 "历史记录选项"对话框

- 自动创建第一幅快照：打开图像文件时，图像的初始状态会自动创建为快照。
- 存储时自动创建新快照：在编辑过程中，每保存一次文件，Photoshop 都会自动创建一个快照。

- 允许非线性历史记录：对选定状态进行更改，而不会删除它后面的状态。通常情况下，选择一个状态并更改图像时，所选状态后面的所有状态都将被删除。

提示："历史记录"面板将按照所做编辑步骤的顺序来显示这些步骤的列表。通过以非线性方式记录状态，可以选择某个状态来更改图像并且只删除该状态。更改将附加到列表的结尾。

- 默认显示新快照对话框：选择该选项，Photoshop 会强制性提示操作者输入快照名称，即使使用面板上的按钮也会出现提示。
- 使图层可见性更改可还原：该选项可以保存对图层可见性的更改。

5．创建快照

"历史记录"面板保存的步骤有限，而一些操作需要很多步骤才能完成，例如利用"画笔工具"绘画，每在文档窗口中单击一次，即在"历史记录"面板中显示为一个步骤。在这种情况下，我们就可以利用创建新快照来保存这些步骤，当操作发生错误时，单击某一阶段的快照即可将图像恢复到该状态，这样就可以弥补历史记录保存数量的局限。

选择需要创建为快照的状态后，单击"历史记录"面板底部的 📷 按钮，即可创建新快照。在某一个步骤上单击鼠标右键也可以创建快照，并且在其弹出的对话框中还可以为快照命名。

6．删除快照

在"历史记录"面板中单击需要删除的快照，然后执行面板菜单中的"删除"命令，或单击面板底部的删除按钮 🗑 ，在弹出的提示对话框中单击 是(Y) 按钮，即可删除快照。

8.2.4 修饰工具组

修饰工具组中的工具主要用于对图像进行模糊、锐化和涂抹处理。

1．模糊工具

模糊工具 ◌ 可以将图像中的硬边缘进行柔化处理，以减少图像的细节，其使用方法非常简单，选取 ◌ 工具，在画面中拖动鼠标即可将画面模糊，如图 8-33 所示为模糊工具的属性栏。

图 8-33　模糊工具的属性栏

- 画笔：可以选择模糊处理时的画笔笔尖。
- 模式：用来设置模糊处理时的混合模式。
- 强度：用来设置工具在使用时的强度大小。强度越大模糊时的效果越明显。强度越小模糊时的效果越不明显。

- 对所有图层取样：勾选该选项，可以对所有可见图层中的对象进行模糊处理；取消勾选时，只能对当前图层中的对象进行模糊处理。当图像只有一个背景图层时，勾选与不勾选时，产生的模糊效果相同。

2．锐化工具

锐化工具 可以增强图像中相邻像素之间的对比，提高图像的清晰度，其使用方法跟模糊工具相同。

锐化工具的工具选项栏和模糊工具的工具选项栏相同。值得注意的是，在使用锐化工具时不能在某个区域反复涂抹，否则画面会失真。

模糊工具和锐化工具主要用于小面积的图像处理，在要进行大面积的模糊和锐化处理时，需要利用"滤镜"菜单中的模糊和锐化命令。

3．涂抹工具

涂抹工具 模拟将手指拖过湿油漆时所看到的效果。该工具可拾取描边开始位置的颜色，并沿拖动的方向展开这种颜色。即在画面中按下鼠标左键并拖动即可进行涂抹。其属性栏如图 8-34 所示。

图 8-34　涂抹工具的属性栏

- 强度：决定描边开始位置的颜色用量的多少。
- 对所有图层取样：勾选"对所有图层取样"，可利用所有可见图层中的颜色数据来进行涂抹。如果取消选择此选项，则涂抹工具只使用现用图层中的颜色。
- 勾选手指绘画："手指绘画"可使用每个描边起点处的前景色进行涂抹。如果取消选择该选项，涂抹工具会使用每个描边的起点处鼠标指针所指的颜色进行涂抹。

8.2.5　明暗工具组

明暗工具组中的工具主要用于对图像进行提亮、加深、加色和减色处理。

1．减淡工具

利用减淡工具 可以使图像变亮，其使用方法也很简单，在画面中按下鼠标拖动即可。如图 8-35 所示为减淡工具的属性栏。

图 8-35　减淡工具的属性栏

- 范围：用于选择要修改的色调，默认选择为"中间调"。当选择"阴影"时，可处理图像的暗色调；选择"高光"时，可处理图像的亮色调。因此在处理对象时一定要根据色调的具体情况选择不同的色调选项。

● 曝光度：用于设置曝光程度，该值越高则效果越明显。

● 保护色调：勾选该选项，可以保护图像的色调不受影响。

2．加深工具

加深工具 的效果与减淡工具的效果正好相反，加深工具可以使图像变暗，其使用方法和工具属性栏与减淡工具的相同。

3．海绵工具

利用海绵工具 可以修改图像的色彩饱和度，在灰度模式下可以使灰阶远离或靠近中间灰色来增加或降低对比度，它的使用方法与减淡、加深工具的使用方法一样，如图 8-36 所示为海绵工具的工具属性栏。

图 8-36　海绵工具的属性栏

● 模式：可以选择更改颜色色彩的方式。选择"降低饱和度"，可降低饱和度；选择"饱和"，可以增加饱和度。

● 流量：用来指定海绵工具的流量，该值越高，工具的强度越大，效果也越明显。

● 自然饱和度：勾选该项，可以在增加饱和度时，防止颜色过度饱和。

8.3　实 例 解 析

（1）新建文件，设置如图 8-37 所示的参数，单击"确定"按钮。

（2）如图 8-38 所示，将前景色设置为浅蓝色并填充背景图层。

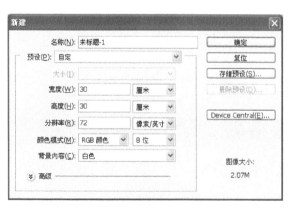

图 8-37　"新建"对话框

图 8-38　填充蓝色

（3）如图 8-39 所示，在图层面板中，新建图层"图层 1"。

（4）前景色设置为白色。激活工具箱中的"自定形状"工具，在其属性栏中，选择"心"形形状，在画面中绘制一个"心"形，大小如图 8-40 所示。

图 8-39　新建图层　　　　　　　　　　　图 8-40　绘制"心"形图案

（5）单击菜单"滤镜"→"模糊"→"高斯模糊"命令，如图 8-41 所示，在其对话框中设置半径为"50"像素。

（6）单击"确定"按钮，制作高斯模糊后的效果如图 8-42 所示。

图 8-41　"高斯模糊"对话框　　　　　　　　图 8-42　高斯模糊效果

（7）如图 8-43 所示，在图层面板中，新建图层"图层 2"。

（8）激活工具箱中的"钢笔"路径工具，在画面中绘制一个兔子的头部形态。先绘制基本形状，在绘制完成后使用工具箱中的"直接选择"工具调整节点和线条，效果如图 8-44 所示。

图 8-43　新建图层 2

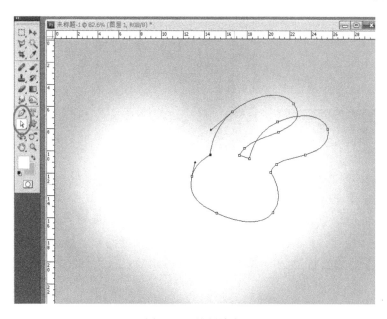

图 8-44　绘制轮廓

（9）如图 8-45 所示，在路径面板中单击底部的"将路径作为选区载入"按钮，将路径转化为选区。

（10）设置前景色为深紫色，单击菜单"编辑"→"描边"命令，如图 8-46 所示，设置宽度为"5"。

图 8-45　单击选区载入按钮

图 8-46　"描边"对话框

（11）单击"确定"按钮，则执行描边后的效果如图 8-47 所示。

（12）取消选区。激活工具箱中的"套索"工具，如图 8-48 所示，将耳朵部分多余的线条选取并删除，或者使用"橡皮"工具进行擦除。

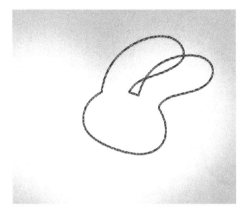

图 8-47　描边效果

图 8-48　删除多余线条

（13）激活工具箱中的"魔术棒"工具，如图 8-49 所示选取兔子头部线条内的部分并填充白色。

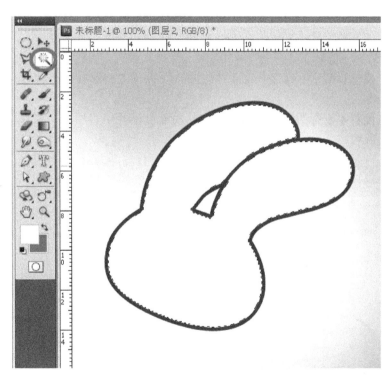

图 8-49　填充白色

（14）设置前景色为淡粉色。激活工具箱中的"毛笔"工具，在其属性栏中设置笔尖大小及"不透明度"，在兔子头部边缘部分进行描绘，效果如图 8-50 所示。

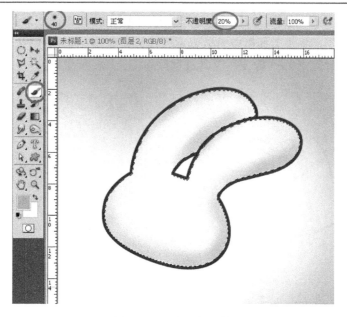

图 8-50　设置毛笔属性

（15）激活工具箱中的"加深"工具，如图 8-51 所示，在其属性栏中设置笔尖大小及"不透明度"，在局部（背光面）进行加深，注意不要加深过度。

（16）激活工具箱中的"钢笔"工具，在兔子脸部绘制两个如图 8-52 所示的形状，注意调整使线条圆滑、流畅。

（17）如图 8-53 所示，在路径面板中，单击下面的"将路径作为选区载入"按钮，将路径转化为选区。

（18）填充比刚才设置的浅粉色略微深些的粉红色，并用"加深"工具进行局部加深，效果如图 8-54 所示。

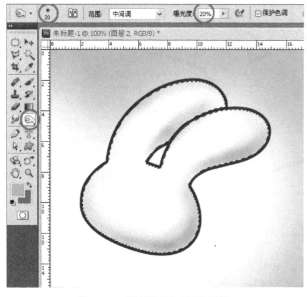

图 8-51　设置加深工具的属性

图 8-52　绘制新的形状路径

图 8-53　载入选区

图 8-54　局部加深

（19）如图 8-55 所示，在图层面板中新建图层"图层 3"。

（20）激活工具箱中的"钢笔"工具并绘制蝴蝶结，效果如图 8-56 所示。

图 8-55　新建图层

图 8-56　绘制图形

（21）如图 8-57 所示，在路径面板中，单击下面的"将路径作为选区载入"按钮，将路径转化为选区。

（22）设置前景色为深紫色，单击菜单"编辑"→"描边"命令，效果如图 8-58 所示。

图 8-57　载入选区

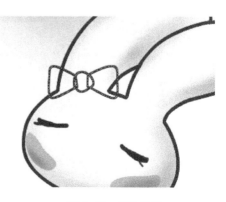

图 8-58　描边效果

（23）将蝴蝶结上面多余的线条删除，效果如图 8-59 所示。

（24）激活工具箱中的"魔术棒"工具，选取蝴蝶结线条内的区域并填充浅蓝色，效果如图 8-60 所示。

图 8-59　删除多余部分

图 8-60　填充蓝色

（25）设置前景色为浅粉色。激活工具箱中的"毛笔"工具，在其属性栏中设置笔尖大小及"不透明度"，在蝴蝶结上面绘制几个圆点，效果如图 8-61 所示。

图 8-61　绘制圆点

（26）激活"加深"工具将背光部分加深，再激活"提亮"工具将受光部分减淡，效果如图 8-62 所示。

图 8-62　局部调整

（27）如图 8-63 所示，在图层面板中新建图层"图层 4"，并拖动到"图层 1"的上面。

（28）激活工具箱中的"钢笔"工具绘制兔子的身体部分，效果如图 8-64 所示。

图 8-63　新建图层

图 8-64　绘制路径

（29）如图 8-65 所示，在路径面板中，单击底部的"将路径作为选区载入"按钮，将路径转化为选区。

（30）如图 8-66 所示，先用深紫色描边，再选取线条内部分填充深一点的粉色，然后使用"加深"工具进行局部加深，最后使用"毛笔"工具绘制几个深粉色的圆形装饰。

图 8-65　载入选区

图 8-66　局部调整

（31）如图 8-67 所示，在图层面板中新建图层"图层 5"，并放置在"图层 1"的上面。

（32）激活工具箱中的"钢笔"工具绘制手和脚，效果如图 8-68 所示。

图 8-67　新建图层

图 8-68　绘制路径

（33）如图 8-69 所示，在路径面板中，单击底部的"将路径作为选区载入"按钮，将路径转化为选区。

（34）如图 8-70 所示，像绘制头部一样绘制手、脚的效果。

图 8-69　载入选区

图 8-70　绘制效果

（35）如图 8-71 所示，在图层面板中新建图层"图层 6"，并放置在"图层 1"的上面。

（36）激活工具箱中的"钢笔"工具绘制一个"心"形的图形，效果如图 8-72 所示。

图 8-71　新建图层

图 8-72　绘制"心"形图形

（37）如图 8-73 所示，在路径面板中，单击底部的"将路径作为选区载入"按钮，将路径转化为选区。

（38）设置前景色为偏绿色的蓝色并描边，效果如图 8-74 所示。

图 8-73　载入选区

图 8-74　描边效果

（39）激活"魔术棒"工具选取"心"形内部区域并填充比边线略微浅一点的蓝色，效果如图 8-75 所示。

图 8-75　填充蓝色

（40）激活"毛笔"工具，在"心"形图形上面绘制大小、形状、颜色不一的斑点，效果如图 8-76 所示。

图 8-76　绘制斑点

（41）激活"加深"工具将背光部分加深，再激活"提亮"工具将受光部分提亮，效果如图 8-77 所示。

（42）如图 8-78 所示，在图层面板中，复制"图层 6"为"图层 6 副本"。

图 8-77　提亮效果

图 8-78　复制图层

（43）以"图层 6 副本"为当前图层，按组合键 Ctrl+T，旋转一定角度并缩小，效果如图 8-79 所示。

（44）单击菜单"图像"→"调整"→"色相/饱和度"命令，在如图 8-80 所示的对话框中调整参数。

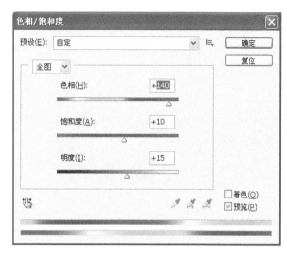

图 8-79　旋转角度 3 　　　　　　　　　　图 8-80　"色相/饱和度"对话框

（45）单击"确定"按钮，调整后的效果如图 8-81 所示。

（46）在图层面板中，复制"图层 6 副本"为"图层 6 副本 2"，并放置在"图层 6 副本"的下面，如图 8-82 所示。

图 8-81　调整"色相/饱和度"效果 　　　　　　图 8-82　复制图层

（47）调整"心"形的大小和位置，效果如图 8-83 所示。

（48）单击菜单"图像"→"调整"→"色相/饱和度"命令，在如图 8-84 所示的对话框中调整参数。

（49）单击"确定"按钮，调整后的效果如图 8-85 所示。

（50）激活工具箱中的"横排文字"工具，如图 8-86 所示，在画面右下角输入英文字母"Dream"。

图 8-83　调整位置

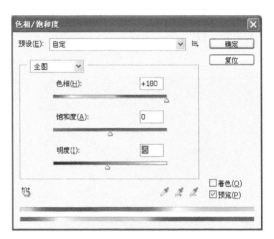

图 8-84　"色相/饱和度"对话框

图 8-85　调整"色相/饱和度"效果

图 8-86　输入文字

（51）如果对上述字体、大小不满意，在如图 8-87 所示的对话框中，可以打开字符面板调整字体和大小。

（52）如图 8-88 所示，以文字图层为当前图层，单击菜单"图层"→"文字"→"栅格"命令，将文字图层栅格化。

图 8-87　字符面板

图 8-88　栅格化文字

（53）设置前景色为浅粉色，单击菜单"编辑"→"描边"命令，在如图 8-89 所示的对话框中，设置宽度设置为"6"，位置为"居外"。

（54）单击"确定"按钮，描边后的效果如图 8-90 所示。

图 8-89　"描边"对话框

图 8-90　描边效果

（55）设置前景色为白色，在如图 8-91 所示的对话框中设置描边宽度为"8"，单击"确定"按钮，效果如图 8-92 所示。

图 8-91　"描边"对话框

图 8-92　描边效果

（56）激活"钢笔"工具绘制翅膀的形态，填充白色并用浅粉色描边，描边宽度设置为3，效果如图 8-93 所示。

图 8-93　绘制路径

（57）如图 8-94 所示，在图层面板中，以背景图层为当前选择图层。

（58）激活工具箱中的"加深"工具，在其属性栏中设置笔尖大小，将 4 个边角部分适当加深，右下角较深些，效果如图 8-95 所示。

图 8-94　设置当前图层

图 8-95　加深效果

（59）最终封面的效果如图 8-96 所示。此时文件中所有的图层如图 8-97 所示。

图 8-96　封面效果

图 8-97　图层面板

（60）下面主要完成立体效果。根据书籍尺寸，新建文件，参数设置如图 8-98 所示。

（61）激活工具箱中的"移动"工具，将合并后的卡通兔子图形拖入新建文件，如图 8-99 所示，在图层面板中复制"图层 1"为"图层 1 副本"。

图 8-98　"新建"对话框　　　　　　　　　　　　图 8-99　复制图层

（62）激活"移动"工具，调整"图层 1 副本"图形，使之程现如图 8-100 所示效果。

（63）在图层面板中，如图 8-101 所示，以"图层 1"为当前选择图层。

图 8-100　调整图层位置　　　　　　　　　　　图 8-101　设置当前图层

（64）单击菜单"图像"→"调整"→"曲线"命令，设置曲线参数如图 8-102 所示。单击"确定"按钮，效果如图 8-103 所示。

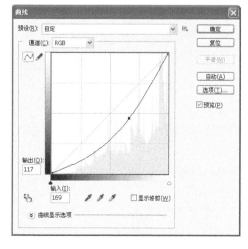

图 8-102　"曲线"对话框　　　　　　　　　　　图 8-103　调整曲线效果

（65）在如图 8-104 所示的图层面板中，在"图层 1"的上面新建图层"图层 2"。

（66）激活工具箱中的"多边形套索"工具，在图形左上角位置绘制如图 8-105 所示的选区，并填充深蓝色。

图 8-104　新建图层

图 8-105　绘制选区

（67）在图层面板中，以"图层 1 副本"为当前选择图层。单击菜单"编辑"→"变换"→"扭曲"命令，将图形调整为如图 8-106 所示的形态。

（68）在图层面板中，如图 8-107 所示，复制"图层 1"为"图层 1 副本 2"，并将其放置在"图层 1 副本"下面，单击"锁定"按钮。

图 8-106　变形封面

图 8-107　复制图层

（69）设置前景色为浅土黄色，单击菜单"编辑"→"填充"→"前景色"命令，效果如图 8-108 所示。

（70）激活工具箱中的"加深"工具，如图 8-109 所示，调整笔尖大小（选择带有羽化边缘的笔尖）和"曝光度"将靠近封面边缘部分适当加深。

（71）如图 8-110 所示的图层面板中，在"图层 2"的上面新建图层"图层 3"。

（72）激活工具箱中的"多边形套索"工具，在图形顶部位置绘制如图 8-111 所示的选区并填充淡土黄色。

图 8-108　填充效果

图 8-109　设置参数

图 8-110　新建图层

图 8-111　绘制选区

（73）激活"加深"工具，将左侧加深，再激活"减淡"工具将中部以右部分减淡，效果如图 8-112 所示。

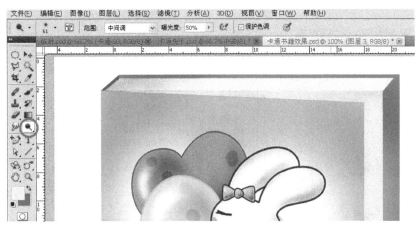

图 8-112　采用"加深"、"减淡"命令

（74）再使用同样方法绘制右侧，效果如图 8-113 所示。

（75）设置前景色为白色，激活工具箱中的"直线"工具，在其属性栏中，选择"直接填充像素"选项，粗细设置为"1 像素"，在图形的顶部和右侧绘制几道白色线条，效果如图 8-114 所示。

图 8-113　侧面效果　　　　　　　　　　　　图 8-114　绘制线条

（76）如图 8-115 所示，在图层面板中，以"图层 1"为当前选择图层。

（77）单击图层面板下面的"添加图层样式"按钮，添加"斜面和浮雕"效果，设置如图 8-116 所示的参数。

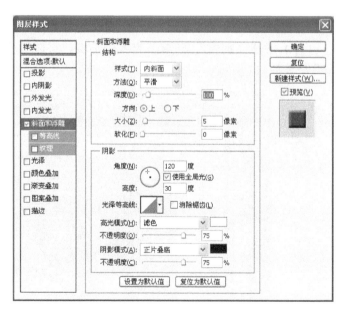

图 8-115　设置当前图层　　　　　　　　　　图 8-116　"图层样式"对话框

（78）单击"确定"按钮，添加图层样式后的效果如图 8-117 所示。

（79）如图 8-118 所示，在图层面板中，以"图层 1 副本"为当前选择图层，单击图层面板下面的"添加图层样式"按钮。

图 8-117　图层样式效果

图 8-118　设置当前层

（80）在弹出的对话框中，如图 8-119 所示的"投影"图层样式，设置不透明度为"60%"，距离为"10"像素，大小为"30"像素，然后单击"确定"按钮即可。

（81）在图层面板中，按住 Shift 键，如图 8-120 所示选择除背景图层以外的所有图层并合并为"图层 1 副本"，如图 8-121 所示。

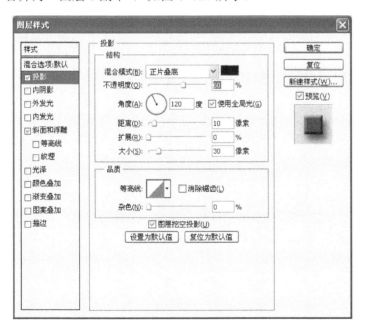

图 8-119　设置参数

图 8-120　选择图层

（82）单击"图层 1"副本面板下面的"添加图层样式"按钮，在弹出的对话框中，如图 8-122 所示的"投影"图层样式中设置参数。单击"确定"按钮，最终效果如图 8-1 所示。

图 8-121 合并图层

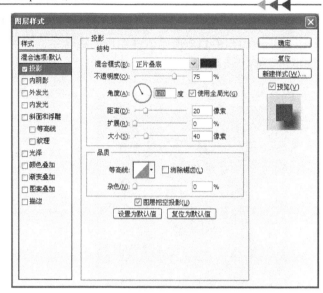

图 8-122 "图层样式"对话框

8.4 相关知识链接

8.4.1 封面设计的构思方法

首先应该确立表现的形式要为书的内容服务的形式，用最感人、最形象、最容易被视觉接受的表现形式，所以封面的构思就显得十分重要，要充分理解书稿的内涵、风格、体裁等，做到构思新颖、切题，有感染力。构思的过程与方法大致有以下几种方法。

1. 想象

想象是构思的基点，想象以造型的知觉为中心，能产生明确的有意味形象。我们所说的灵感，也就是知识与想象的积累与结晶，它对设计构思是一个开窍的源泉。

2. 舍弃

构思的过程往往"叠加容易，舍弃难"，构思时往往想得很多，堆砌得很多，对多余的细节爱不忍弃。张光宇先生说"多做减法，少做加法"，就是真切的经验之谈。对不重要的、可有可无的形象与细节，要坚决忍痛割爱。

3. 象征

象征性的手法是艺术表现最为得力的语言，可以用具象形象来表达抽象的概念或意境，也可以用抽象的形象来意喻表达具体的事物。

4. 探索创新

流行的形式、常用的手法、俗套的语言要尽可能避开不用；熟悉的构思方法，常见的构图，习惯性的技巧，都是创新构思表现的大敌。构思要新颖，就需要不落俗套，标新立异。要有创新的构思就必须有孜孜不倦的探索精神。

8.4.2 封面的文字设计

封面上简练的文字、主要是书名（包括丛书名、副书名）、作者名和出版社名，这些留在封面上的文字信息，在设计中起着举足轻重的作用。在设计过程中，为了丰富画面，可重复书名，加上拼音或外文书名，或目录和适量的广告语。有时为了画面的需要，在封面上也可以不安排作者名或出版社名，让它们出现在书脊和扉页上，封面只留下不可缺少的书名。

封面文字中除书名外，均选用印刷字体，所以这里主要介绍书名的字体。常用于书名的字体分为 3 大类：书法体、美术休和印刷体。

1. 书法体

书法体笔划间追求无穷的变化，具有强烈的艺术感染力、鲜明的民族特色和独到的个性，且字迹多出自社会名流之手，具有名人效应，受到广泛的喜爱。如《求是》等书刊均采用书法体作为书名字体，如图 8-123 所示。

2. 美术体

美术体又可分为规则美术体和不规则美术体两种。前者作为美术体的主流，强调外型的规整，点、划变化统一，具有便于阅读、便于设计的特点，但较呆板。不规则美术体则在这方面有所不同。它强调自由变形，无论从点、划处理或字体外形均追求不规则的变化，具有变化丰富、个性突出、设计空间充分、适应性强、富有装饰性的特点。不规则美术体与规则美术体及书法体比较，它既具有个性又具有适应性，所以许多 书刊均选用这类字体，如图 8-124 所示。

图 8-123 书法体

图 8-124 美术体

3. 印刷体

印刷体沿用了规则美术体的特点，早期的印刷体较呆板、僵硬，现在的印刷体在这方面有所突破, 吸纳了不规则美术体的变化规则, 大大丰富了印刷体的表现力, 而且借助计算机使印刷体处理方法上既便捷又丰富, 弥补了其个性上的不足。

有些国内的书籍、刊物在设计时将中英文刊名加以组合, 形成独特的装饰效果。如《世界知识画报》用 "W" 和中文刊名的组合形成自己的风格。

刊名的视觉形象并不是一成不变地只能使用单一的字体、色彩、字号来表现, 把两种以上的字体、色彩、字号组合在一起会令人耳目一新。可将刊名中的书法体和印刷体结合在一起, 使两种不同外形特征的字体产生强烈的对比效果。

8.4.3 封面的图片设计

封面的图片以其直观、明确、视觉冲击力强、容易同读者产生共鸣的特点, 成为设计要素中重要部分。图片的内容丰富多彩, 最常见的是人物、动物、植物、自然风光, 以及一切人类活动的产物。封面上的图形形式包括摄影、插图和图案。有写实的、有抽象的、还有写意的。

图片是书籍封面设计的重要环节, 它往往在画面中占很大面积, 成为视觉中心, 所以图片设计尤为重要。一般青年杂志、女性杂志均为休闲类书刊, 它的标准是大众审美, 通常选择当红影视歌星、模特的图片做封面; 科普刊物选图的标准是知识性, 常选用与大自然有关的、先进科技成果的图片; 而体育杂志则常选择体坛名将的照片及竞技场面的图片; 新闻杂志常选择新闻人物和有关场面, 它的标准既不是年青美貌, 也不是科学知识, 而是新闻价值; 摄影、美术刊物的封面选择优秀摄影和艺术作品, 它的标准是艺术价值, 如图 8-125 所示。

图 8-125 封面图片

8.4.4 封面的色彩设计

封面的色彩处理是设计的重要环节。得体的色彩表现和艺术处理, 能在读者的视觉中产生夺目的效果。色彩的运用要考虑内容的需要，用不同色彩对比的效果来表达不同的内容和思想。在对比中寻求统一协调，以间色互相配置为宜，使对比色统一于协调之中。书名的色彩运用在封面上要有一定的分量，纯度如不够，就不能产生显著夺目的效果。另外除了绘画色彩用于封面外，还可用装饰性的色彩表现。文艺书封面的色彩不一定适用教科书，教科书、理论著作的封面色彩就不适合儿童读物。要辩证地看待色彩的含义，不能形而上学地使用。

　　一般来说设计幼儿刊物的色彩，要针对幼儿娇嫩、单纯、天真、可爱的特点，色调往往处理成高调，减弱各种对比的力度，强调柔和的感觉，如图 8-126 所示；女性书刊的色调可以根据女性的特征，选择温柔、妩媚、典雅的色彩系列；体育杂志的色彩则强调刺激、对比、追求色彩的冲击力；而艺术类杂志的色彩就要求具有丰富的内涵，要有深度，切忌轻浮、媚俗，如图 8-127 所示；科普书刊的色彩可以强调神秘感；时装杂志的色彩要新潮，富有个性；专业性学术杂志的色彩要端庄、严肃、高雅，体现权威感，不宜强调高纯度的色相对比。

图 8-126　幼儿刊物的色彩运用

图 8-127　艺术类杂志的色彩运用

　　色彩配置上除了协调外，还要注意色彩的对比关系，包括色相、纯度、明度对比。封面上没有色相冷暖对比，就会感到缺乏生气；封面上没有明度深浅对比，就会感到沉闷而透不过气来；封面上没有纯度鲜明对比，就会感到古旧和平俗。因此要在封面色彩设计中掌握住明度、纯度、色相的关系，同时用这三者关系去认识和寻找封面上产生弊端的缘由，以便提高色彩修养。

　　上面谈到的书籍封面设计的几个基本要素的设计方法，要将这些要素有序地组合在一个画面里才能构成书籍的封面。掌握封面设计的基本方法，绝不能教条地套用，而要有针对性，才能设计出优秀的书籍封面，使读者一见钟情，爱不释手。

8.4.5　版面设计的基本要求

　　版式设计所涉及的内容比较多，除了一些印刷装帧中的工艺技术因素外，最主要的方面就在于艺术设计上。一般来说，书籍的封面装帧设计有其具体的设计要求或标准，具体体现在以下几个方面。

主题性：书籍封面的装帧设计要充分体现出书籍的内容、主题和精神，这也是书籍封面设计的目的。主题性要求书籍的封面设计要根据书籍的内容主题来确定设计的风路、形式，是封面成为读者直接感知书籍内容信息的重要途径。

原创性：创意是任何设计的灵魂所在，只有创造出新的设计形式、新的设计风路和新的图像图形视觉，才能使设计不是流于一般对内容简单的图解，而是对具体内容表达的再创造。

装饰性：在设计手法、设计形式上，版式设计具有很强的装饰性和形式感，要灵活运用各种形式语言、色彩语言来进行视觉美感的创造。

可读性：设计的目的是为了更好地传达书籍的内容信息，故设计要有清晰明了的形式和主题。没有信息传达的准确性和形式设计的可读性，设计就有可能是混乱的、失败的。

8.4.6　美术设计的基本要求

（1）护封设计和封面设计是否符合书籍的内容和要求。要把书脊看作一个完整的平面，除了保持书脊的文字等功能性的元素具备之外，图形类的元素可以组成一幅完整的画面。

（2）护封设计和封面设计是否组合在整体方案之中（例如文字、色彩）。

（3）封面选用的材料是否合理。

（4）封面设计是否适应书籍装订的工艺要求（例如：封面与书脊连接处，平装书的折痕和精装书的凹槽等）。

（5）图片（照片、插图、技术插图、装饰等）是否组合在基本方案之中，是否符合书籍的要求经过选择的。

（6）技术：版面是否均衡（字距有没有太宽或太窄）。

（7）版面：目录索引、表格和公式的版面质量应与立体部分相称，字距与字的大小和字的风格要相适应（在正文字体、标题字体和书名字体方面，标点符号和其他专门符号的字距是否合适）；字距整体设置要恰当，标题的断行要符合文字的含义。字体的醒目与字体的风格相适应；同时注意只有左边整齐的版面，右边同样要和谐统一。

（8）拼版：拼版是否连贯和前后一致；标题、章节、段、图片等的间隔是否统一；是否避免了恶劣的标点在页面第一行第一个字位置的情况出现。

第9章

网页设计——清晰度调节、图像调节技术应用

网页设计仍属于平面设计的范畴，说到底就是版式设计，既然是版式设计，那么网页的布局设计则变得越来越重要。虽然内容很重要，但只有当网页布局和网页内容成功接合时，这种网页或者说站点才是受人喜欢的。

网站的主页设计应以醒目为优先。切勿堆砌太多不必要的细节，或使画面过于复杂。要做到这一点，首先要在整体上规划好网站的主题和内容，确定需要传达给访问用户的主要信息，把所有要表达的意念合情合理地组织起来；其次，设计一个富有个性的页面式样，务求尽善尽美。这样制作出来的主页才会清晰、明了、内容充实。

大家常使用 Photoshop 在网页设计中制作各种静态效果。下面案例主要通过静态画面的一些效果展示 Photoshop CS5 在网页设计中的魅力。

9.1　网页设计案例分析

1．创意定位

网络是生活中不可缺少的一部分，越来越多的人都拥有了自己的博客，若是能设计个性的网页并上传做为博客的界面使用则是非常有意思的。这一章主要学习 Photoshop CS5 在网页设计中的一些元素案例应用。

网页设计把握的原则：主题突出、主次分明、巧设机关、善用材质。如图 9-1 所示的网页设计就是依据这些原则而设计的。

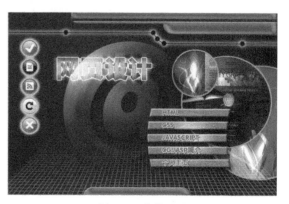

图 9-1　个性网页

2．所用知识点

● 滤镜

- 图层样式
- 网格命令
- 填充命令
- 变换命令

3．制作分析

本案例主要通过 3 个环节来完成。

- 制作网页的形象页，主要运用网格及变换命令形成空间效果。
- 制作按钮，利用前面学过的图形工具和填充工具。
- 将制作好的素材融合在一起。

9.2　知 识 卡 片

9.2.1　图像调节技术应用

图像调节主要是调节图像的层次、色彩、清晰度、反差。层次调节就是调节图像的高调、中间调、暗调之间的关系，使图像层次分明；色彩调节主要是纠正图像的偏色，使颜色与原稿保持一致或追求特殊设计效果对色彩的调节；清晰度调节主要是调节图像的细节，以使图像在视觉上更清晰，反差就是调节图像的对比度。该组命令主要以菜单"图像"→"调整"展开的命令为主，如图 9-2 所示，下面将对其一一解释。

如果被调节的图像要应用于印刷品的设计，则在开始图像调节之前，首先要做的工作就是确定图像的色彩模式是 CMYK 模式。

1．亮度/对比度调整

单击菜单"图像"→"调整"→"亮度/对比度"命令可以调整图像的亮度和对比度，在如图 9-3 所示的"亮度/对比度"对话框中移动滑块或输入数值，可对图像进行简单的处理。

图 9-2　"图像"→"调整"命令

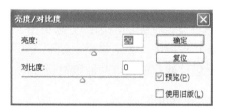

图 9-3　"亮度/对比度"对话框

2. 色阶分布（Levels）调节

色阶（Levels）是图像阶调调节工具，它主要用于调节图像的主通道以及各分色通道的阶调层次分布，对改变图像的层次效果很明显。色阶对图像的亮调、中间调和暗调的调节有较强的功能，但不容易具体控制到某一网点百分比附近的阶调变化。打开阶调调节菜单，弹出"色阶"对话框，通过此对话框可调节图像的阶调分布，如图 9-4 所示。

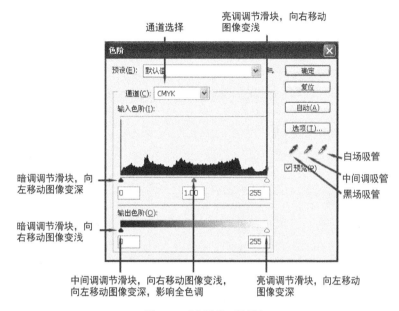

图 9-4　"色阶"对话框

（1）确定图像的黑场、白场

图像的黑白场是指图像中最亮和最暗的地方。通过黑场、白场的确定可控制图像的深浅和阶调。确定方法就是用图 9-4 中的黑场、白场吸管放到图像中最亮和最暗的位置。

白场的确定应选择图像中较亮或最亮的点，如反光点、灯光、白色的物体等。白场确定值的 C、M、Y、K 色值应在 5％以下，以避免图像的阶调有太大的变化。

黑场的确定应选择图像中的黑色位置，且选择的点应有足够的密度。正常的原稿，黑场点的 K 值应在 95％左右。如果图像原稿暗调较亮，则黑场可选择较暗的点，将图像阶调调深。如果图像中暗调不足，则应选择相对较暗的位置设置黑场。

中间调吸管一般很少用到，因为中间色调是很难确定的。如果一些图像阶调较平，很难找到亮点和黑点的图像，不一定非要确定黑场、白场。

（2）通过滑块调节图像阶调

色阶工具可以对图像的混合通道和单个通道的颜色和层次进行调节。

通道部分包含 RGB 或 CMYK 复合通道或单一通道的色彩信息通道的选择，色阶工具可以对图像的混合通道和单个通道的颜色和层次分别进行调节。

当输出色阶的黑、白三角形滑块重合时，即所有色阶并在一点时，图像就变成中性灰。

在实际应用中，色阶工具主要是对图像的明暗层次进行改变与调整，虽然其具备纠正颜色的偏色功能，但其在调整过程中有时效率并不高。

3．曲线调节

曲线命令与色阶命令类似，但曲线调节与色阶相比，其调节色调的层次要比色阶功能更强、更直观，调节图像偏色比色阶更方便。在选择两种工具对图像调节时，建议只是涉及到高光及暗调的时候及调节图像的黑场、白场时，采用色阶命令，细致调节时使用曲线命令。如图 9-5 所示，在"曲线"对话框中，坐标曲线的横轴表示图像当前的色阶，纵轴表示图像调整后的色阶值。

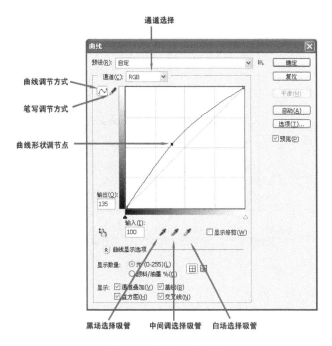

图 9-5 "曲线"对话框

（1）图像整体调整

图像整体调整一般采用曲线调节中的"S"型曲线调整。在大多数情况下，图像都可用"S"形曲线对图像进行调整。"S"曲线是根据人眼的视觉特性绘制的，可以使相近的亮色调之间变化得自然，并且可加大对比度。如果单纯将亮调曲线上移，而曲线仍保持一条直线，会使图像中最亮的色调区域较暗且缺少层次。

（2）偏色的调整

曲线对图像偏色的调节，一般通过对某一通道产生作用来纠正偏色，在"曲线"对话框中的通道选项中选择某个通道进行调整。

（3）特殊效果调节

曲线工具还可以用来绘制图像的调节曲线，一般此种操作不用来调节图像，而用来产生一些特殊效果，而且这种绘制式的调节带有很大的随机性。

4．曝光度

单击菜单"图像"→"调整"→"曝光度"命令，打开如图 9-6 所示的"曝光度"对话框，在对话框中可以拖动滑块调整图像的各项选项，但是该命令对 CMYK 色彩模式不适用。

- 预设：在该选项中可以选择一种预设的曝光效果。
- 曝光度：在该选项中拖动滑块可以调整图像的整体曝光度。
- 位移：该选项可以使阴影和中间调变暗，对高光的影响很小。
- 灰度系数校正：该选项可以使用简单的乘方函数调整图像的灰度系数。

5．自然饱和度

单击菜单"图像"→"调整"→"自然饱和度"命令，打开如图 9-7 所示的"自然饱和度"对话框，但是该命令对 CMYK 色彩模式不适用。

- 自然饱和度：用该选项调整图像的饱和度，可以将更多调整应用于不饱和的颜色，并在颜色接近饱和时进行修剪。
- 饱和度：用该选项调整图像的饱和度时，可以将相同的饱和度调整量用于所有颜色。

图 9-6　"曝光度"对话框

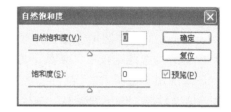

图 9-7　"自然饱和度"对话框

6．色相/饱和度

色相/饱和度调整是根据颜色的色相、亮度、饱和度属性来对图像进行调节的。

单击菜单"图像"→"调整"→"色相/饱和度"命令，打开对话框如图 9-8 所示。它可对图像的所有颜色或指定的 C、M、Y、R、G、B 进行调节。对特定颜色的色相、亮度、饱和度属性的改变作用很大。该工具按颜色作为调节对象，对某一颜色调整时，不影响其他颜色，有较强的选择性和针对性，是对图像进行色彩调整时的主要工具。

在使用色相/饱和度（Hue/Saturation）工具调节图像时有一点需要注意，调节不要过量，如果调节过量不但达不到调节的目的，反倒会破坏图像的色彩效果。

7．色彩平衡调节

色彩平衡调节主要用来调节颜色平衡，可以分别对图像的暗调、中间调、亮调进行调节。单击菜单"图像"→"调整"→"色彩平衡"命令，弹出"色彩平衡"对话框如图 9-9 所示，其中的三角形颜色调整滑块向哪个方向移动，颜色便偏向哪个方向。

色彩平衡（Color Balance）工具在调节某一种颜色时，会对其他颜色产生影响，而且也会对图像的层次带来不可预料的变化，所以色彩平衡（Color Balance）一般只用来对颜色进行幅度不大的调节调整。一般情况下建议少用为佳。

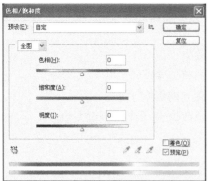

图 9-8 "色相/饱和度"对话框

图 9-9 "色彩平衡"对话框

8. 黑白

单击"图像"→"调整"→"黑白"命令，弹出如图 9-10 所示的"黑白"对话框。执行该命令后，可以将图像变为灰度图像。在对话框中还可以为图像选择一种单色，将图像转换为单色图像。

● 预设：在预设的下拉列表中可以选择一种预设的调整设置。

● 颜色滑块：拖动颜色滑块可以调整不同颜色的亮度，向左拖动时可以将颜色变暗；向右拖动时可以将图像变亮。

● 色调：勾选此选项后，调整下方的"色相"和"饱和度"选项的滑块，可以对灰度图像应用单色调。

● **自动(A)** ：单击该按钮，可以设置基于图像颜色值的灰度混合，并使灰度值分布最大化，自动混合通常会产生极佳的效果，并可以用做使用颜色滑块调整灰度值的起点。

9. 可选颜色调整

单击菜单"图像"→"调整"→"可选颜色"命令，弹出"可选颜色"对话框如图 9-11 所示。"可选颜色"是另外一种校色方法，它针对性更强，可以针对图像的某个色系来选择进行颜色的调整，其最大优点在于对其他颜色几乎没有影响，所以在调节图片偏色时非常有用，是设计人员常用的校色工具。

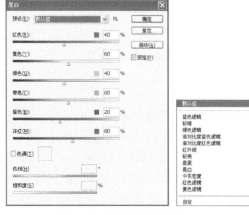

图 9-10 "黑白"对话框

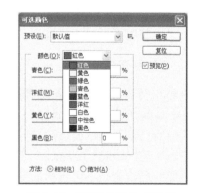

图 9-11 "可选颜色"对话框

应用"可选颜色"命令调整图像颜色时应注意以下几点。

● 在调整过程中注意不要对不需要调节的色彩产生影响。

● 一般情况下，应使用"相对"方式，以免使图像阶调变化太大。

● 进行颜色调整时，要确定色彩模式是 CMYK 模式。

以上是 Photoshop CS5 中几个常用的图像色彩调整工具，每个工具各有特点，各有所长。从美术创作的角度来讲，"色相/饱和度"的调整更合适。而"选择颜色"，是从网点的百分比来进行调节的，更适合于印刷品设计的颜色调整。

9.2.2　图像清晰度调节

Photoshop 除了在图像的色彩、阶调等方面对图像有较好的调节外，对于设计人员来说，最常用到的就是对图像清晰度的调节。图像清晰度的调节主要包括两个方面，一是图像清晰度的强调，二是图像的去噪。这是两个相反的过程，强调清晰度会产生噪声，去噪则会降低清晰度。

图像清晰度的强调和图像的去噪，都主要应用于扫描的图像。因为扫描图像的清晰度都不高，且由于存在着印刷网纹，图像也会比较粗糙，即噪声。

1．图像的去噪

对印刷品进行扫描时，要对原稿进行去网处理，通过去网消除图像上的网纹，这个过程实际上是通过图像虚化的方式实现的，去噪就是消除和减少印刷品经扫描后产生的网纹。Photoshop 中有几种工具可以对图像去噪。

● 单击菜单"滤镜"→"杂色"→"去斑"命令，可以完成图像的去噪。但是"去斑"命令没有可调节的参数。只能按一个整体去除，所以功能较弱。

● 执行菜单 "滤镜"→"杂色"→"蒙尘和划痕"命令，"蒙尘和划痕"命令调节图像既能去除图像的噪声又能保持图像的清晰度。通过调节相应参数完成图像的去噪。

下面通过参数的调整观察一下图像的变化，以图 9-12 为原图进行对比说明。

在图 9-13 中增加去噪半径，可以看到框内的图像已经变得模糊不清，半径越大，去噪效果越强。

图 9-12　原图

图 9-13　增加去噪半径

在图 9-14 中提高去噪的阈值，可以看到图像去噪作用很小，因为阈值数值越大，去噪效果越差。

在图 9-15 中半径与阈值同时调整，可以将图像调节得恰到好处。

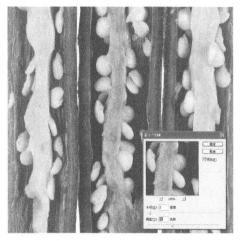

图 9-14　提高去噪的阈值　　　　　图 9-15　半径与阈值同时调整

● 利用通道去除噪音。利用通道去除噪音是获得较好去噪效果的一种有效方式。尤其是对图像各通道噪声不一致的图像效果更好。通过这种通道的分别处理，可保证没有噪声通道的清晰度，也就保证了整个图像的清晰度。

如图 9-16 所示，打开通道面板后，依次选取不同的通道进行去除噪声，方法同上。

2．图像的清晰度调节

并不是所有的图像清晰度都符合要求，尤其是扫描后的图像。对于清晰度不高的图像则需要在图像软件中进行调整。下面以 Photoshop CS5 软件为例，介绍如何调节图像清晰度。

在 Photoshop CS5 中调节图像清晰度的方式有几下几种，如图 9-17 所示。

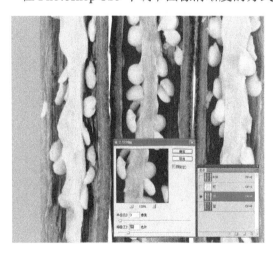
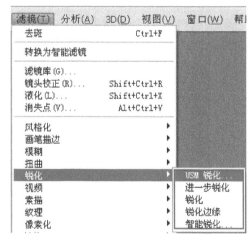

图 9-16　选择单一通道　　　　　　　图 9-17　锐化菜单

在上述几种清晰度方式中，只有"USM 锐化"具有参数调节功能，可以对图像的清晰度进行细微的调节，如图 9-18 所示。

- 数量：是清晰度调节的幅度，数值越大调节幅度越大。
- 半径：是以某一个像素为中心时，进行数学计算的像素范围。为避免图像调节过度，半径以低于 2.0 为佳。
- 阈值：是指像素灰度值与正在处理的中心像素值的差值大小。阈值越大，清晰度变化幅度越小。

打开"USM 锐化"命令，观察图像显示框内图像。将鼠标移动到图像上，单击鼠标显示框内参数。显示框内图像清晰度发生的变化，显示了"USM 锐化"命令对图像清晰度的结果。

"USM 锐化"命令对图像清晰度的调节没有什么定值，但有一个原则，当图像显示比例为 100% 时，图像中没有地方出现白边或颗粒。出现了细小颗粒意味着不能再继续调节。在调节过程中需要注意的就是半径越大，出现白边的可能性越大。如图 9-19 所示为调节过度出现白边的实例。

"USM 锐化"命令不但可以调节整个图像的清晰度，还可以对图像局部的清晰度做调整。如果要调节图像的清晰度，则用选择工具先将该区域选择，打开"USM 锐化"命令进行调整即可。需要注意的是，选择区选好后，应该对选择区域边缘进行羽化，以避免边缘的生硬。

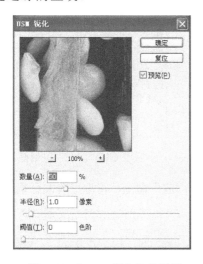

图 9-18　"USM 锐化"对话框

图 9-19　调节参数

9.2.3　海洋波纹

（1）新建文件，宽为 15 厘米，高为 10 厘米，分辨率为 100 像素/英寸，色彩模式为 RGB 模式。

（2）激活矩形选择工具，在文件的左上角绘制一个矩形选区，如图 9-20 所示。单击图层面板中的"创建新图层"按钮，新建"图层 1"。

（3）将前景色的 RGB 值设为 17，48，236，背景色的 RGB 值设为 29，185，246。

（4）将矩形选区由左上角至右下角做前景色到背景色的直线渐变填充，效果如图 9-21 所示。

图 9-20　创建矩形选区

图 9-21　填充矩形选区

（5）将前景色设为"白色"，激活喷枪工具，选择直径为"13"像素的笔尖，在矩形选区中画几条斜线，如图 9-22 所示。

（6）单击菜单"滤镜"→"扭曲"→"波纹"命令，如图 9-23 所示，在"波纹"对话框中设置数量为"300%"，大小为"中"参数，单击"确定"按钮，效果如图 9-24 所示。

图 9-22　绘制斜线条

图 9-23　"波纹"对话框

（7）取消选择。单击菜单"编辑"→"变换"→"缩放"命令，将矩形放大至整个画面，如图 9-25 所示。

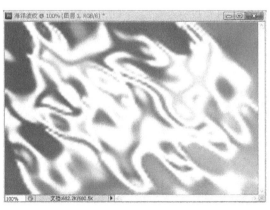

图 9-24　"波纹"效果图

图 9-25　"波纹"放大效果

（8）单击菜单"滤镜"→"其他"→"最小值"命令，在弹出的"最小值"对话框中，如图 9-26 所示，设置半径为"3"像素，单击"确定"按钮，效果如图 9-27 所示。

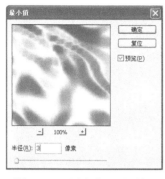

图 9-26　"最小值"对话框

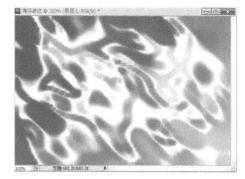

图 9-27　"最小值"命令效果

（9）单击菜单"滤镜"→"渲染"→"镜头光晕"命令，在弹出的"镜头光晕"对话框中，如图 9-28 所示设置参数，亮度设为"103%"。单击"确定"按钮，效果如图 9-29 所示。

图 9-28　"镜头光晕"对话框

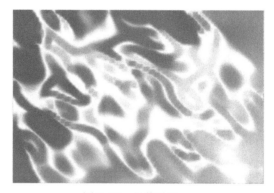

图 9-29　最终效果

9.2.4　木板效果

（1）新建文件，设置尺寸为 1024×768 像素，色彩模式为 RGB 模式。

（2）设置前景色为 R100，G50，B20，背景色为 R210，G130，B40。单击菜单"滤镜"→"渲染"→"云彩"命令，效果如图 9-30 所示。

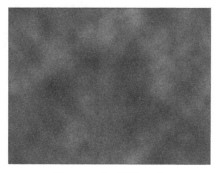

图 9-30　"云彩"效果

（3）单击菜单"滤镜"→"像素化"→"晶格化"命令，在弹出的"晶格化"对话框中，如图 9-31 所示设置参数，单击"确定"按钮，效果如图 9-32 所示。

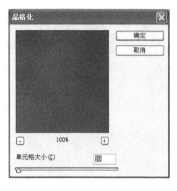

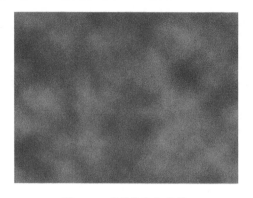

图 9-31 "晶格化"对话框　　　　图 9-32 "晶格化"效果

（4）单击菜单"滤镜"→"扭曲"→"切变"命令，在弹出的"切变"对话框中，如图 9-33 所示设置参数，单击"确定"按钮，效果如图 9-34 所示。

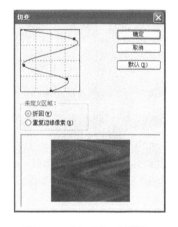

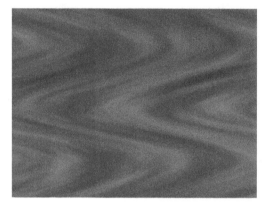

图 9-33 "切变"对话框　　　　图 9-34 "切变"效果

（5）单击菜单"图像"→"调整"→"色阶"命令，在弹出的"色阶"对话框中，如图 9-35 所示设置参数，单击"确定"按钮，效果如图 9-36 所示。

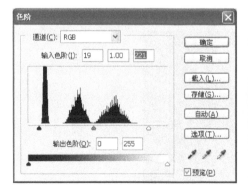

图 9-35 "色阶"对话框　　　　图 9-36 "色阶"效果

9.3 实 例 解 析

（1）新建文件，设置如图 9-37 所示参数，单击"确定"按钮。

（2）前景色设置为深蓝色，背景色设置为黑色，激活工具箱中的"渐变填充"工具，如图 9-38 所示，在其属性栏中选择"径向"渐变，从左上到右下填充渐变效果。

图 9-37 "新建"对话框

图 9-38 填充渐变色

（3）如图 9-39 所示，在图层面板中新建图层"图层 1"。

（4）单击菜单"视图"→"显示"→"网格"命令，勾选"网格"选项，效果如图 9-40 所示。

图 9-39 新建图层

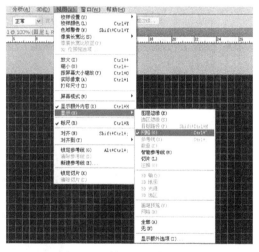

图 9-40 激活"网格"选项

（5）如图 9-41 所示，单击菜单"视图"→"对齐到"→"网格"命令，确保绘制的对象会自动与网格线对齐。

（6）单击菜单"编辑"→"首选项"→"参考线、网格、切片"，在弹出的"首选项"对话框中如图 9-42 所示，设置网格线间隔为"20"毫米。

（7）设置前景色为白色。激活工具箱中的"直线"工具，在其属性栏中，选择"直接填充像素"选项，设置粗细为"2"像素，如图 9-43 所示，在画面左边第一个网格处绘制竖线条。

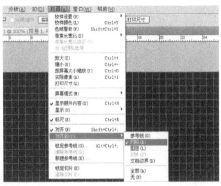

图 9-41　设置对齐网格

图 9-42　"首选项"对话框

（8）依次绘制其他线条，绘制几条后，为了提高效率，可激活"矩形选框"工具，将几条线条圈选后按组合键 Ctrl+Alt+Shift 拖移，从而复制到其他网格线处，效果如图 9-44 所示。

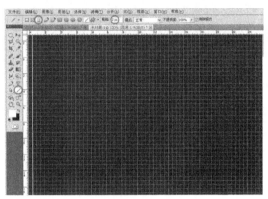

图 9-43　绘制线条

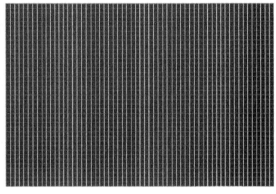

图 9-44　复制线条

（9）如图 9-45 所示，在图层面板中新建图层"图层 2"。

（10）用绘制竖线条的方法绘制横线条，效果如图 9-46 所示。

图 9-45　新建图层

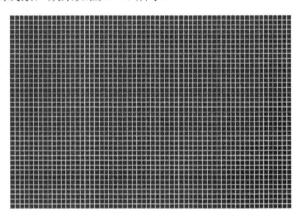

图 9-46　绘制横线条

（11）在图层面板中，如图 9-47 所示，将"图层 1"和"图层 2"合并为"图层 1"。

（12）单击菜单"编辑"→"变换"→"扭曲"命令，调整到如图 9-48 所示的效果。

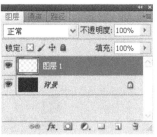

图 9-47　合并图层

图 9-48　变形网格

（13）在图层面板中，改变"不透明度"为"50%"，效果如图 9-49 所示。

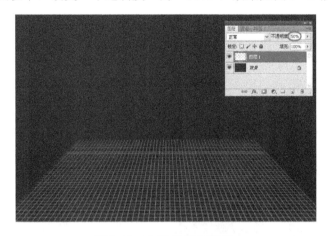

图 9-49　改变"不透明度"

（14）设置前景色为黑色，背景色为白色。激活工具箱中的"渐变填充"工具，在图层面板中，单击"添加图层蒙版"按钮，按 Shift 键以画面中部为起点向下拖动创建蒙版，效果如图 9-50 所示。

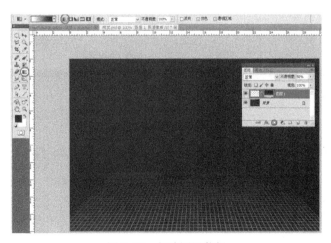

图 9-50　创建图层蒙版

（15）打开"@文字效果"素材文件，如图 9-51 所示。

（16）如图 9-52 所示，在图层面板中，以"@"文字图层为当前选择图层。

图 9-51　打开素材　　　　　　　　图 9-52　设置当前图层

（17）激活工具箱中的"移动"工具，将"@"文字图层拖入到新文件中，效果如图 9-53 所示。

（18）在图层面板中，用鼠标双击打开"@"文字图层的"图层样式"对话框，如图 9-54 所示，将样式选项改为"内斜面"。

图 9-53　复制文件　　　　　　　　图 9-54　"图层样式"对话框

（19）单击"确定"按钮，则修改后的效果如图 9-55 所示。

（20）如图 9-56 所示，在图层面板中新建图层"图层 2"，并放置在"图层 1"的上面。

图 9-55　图层样式效果　　　　　　图 9-56　新建图层

（21）以"@"文字图层为当前选择图层，单击菜单"图层"→"向下合并"命令，如图 9-57 所示合并为"图层 2"。

（22）单击菜单"图像"→"调整"→"色相/饱和度"命令，如图 9-58 所示，在"色相/饱和度"对话框中勾选"着色"选项后，再调整色相、饱和度的数值。

图 9-57　合并图层　　　　　　　　　　图 9-58　"色相/饱和度"对话框

（23）单击"确定"按钮，则调整后的效果如图 9-59 所示。

（24）设置前景色为白色，背景色为黑色，激活工具箱中的"渐变填充"工具，在图层面板中，单击"添加图层蒙版"按钮，从@字母的左上角拖动至字母的右下角创建蒙版，效果如图 9-60 所示，将"@"融入纹理中。

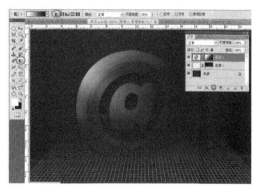

图 9-59　调整"色相/饱和度"效果　　　　　图 9-60　创建蒙版

（25）如图 9-61 所示，在图层面板中新建图层"图层 3"。

（26）激活工具箱中的"矩形选框"工具，在如图 9-62 所示的位置绘制一个矩形选区并填充白色。

图 9-61　新建图层　　　　　　　　　　图 9-62　绘制矩形选区

（27）用同样的方法，按住组合键 Ctrl+Shift+Alt 移动并复制，共复制 4 个矩形，如图 9-63 所示。

（28）单击菜单"编辑"→"变换"→"变形"命令，如图 9-64 所示进行变形调整。

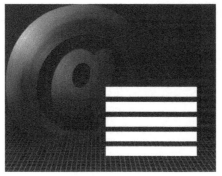

图 9-63　复制矩形

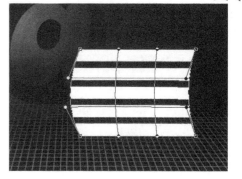

图 9-64　变形调整

（29）调整曲线后，双击鼠标左键完成变形，效果如图 9-65 所示。

（30）在图层面板中，单击"添加图层样式"按钮，选择添加"投影"选项，如图 9-66 所示设置参数。

图 9-65　变形效果

图 9-66　"图层样式"对话框

（31）添加"斜面和浮雕"样式，如图 9-67 所示设置参数。

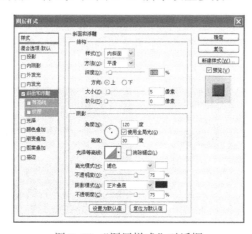

图 9-67　"图层样式"对话框

（32）添加"纹理"样式，如图 9-68 所示选择图案效果。

（33）添加"渐变叠加"样式，如图 9-69 所示，设置渐变色从白色渐变到灰色，样式选择"径向"选项。

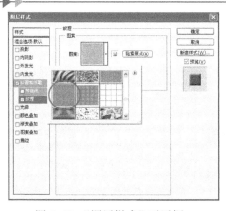

图 9-68 "图层样式"对话框

图 9-69 "图层样式"对话框

（34）完成上述系列图层样式的参数设置后，单击"确定"按钮，效果如图 9-70 所示。

（35）激活工具箱中的"横排文字"工具，输入如图 9-71 所示的文字并调整字体、大小和行距。

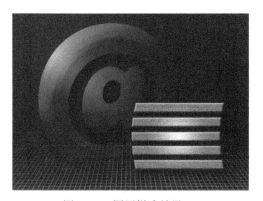

图 9-70 图层样式效果

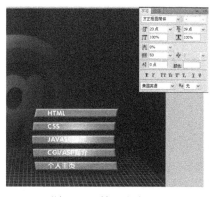

图 9-71 输入文字

（36）在图层面板中，单击"添加图层样式"按钮，选择添加"颜色叠加"选项，如图 9-72 所示设置参数，颜色设置为蓝色。

（37）继续添加"描边"样式，如图 9-73 所示，颜色设置为浅蓝色，大小设置为"2"像素。

图 9-72 "图层样式"对话框

图 9-73 "图层样式"对话框

（38）添加"投影"样式，如图 9-74 所示设置参数。

（39）完成上述系列图层样式的参数设置后，单击"确定"按钮，效果如图 9-75 所示。

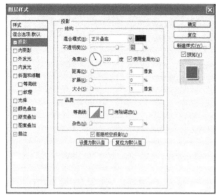

图 9-74　"图层样式"对话框

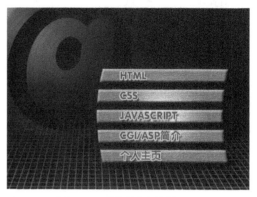

图 9-75　图层样式效果

（40）下面来做一个水晶按钮。为方便起见，另外新建一个文件进行制作。新建文件大小及参数设置如图 9-76 所示。

（41）如图 9-77 所示，在图层面板中新建图层"图层 1"。

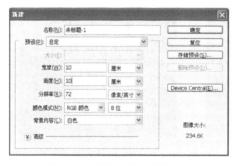

图 9-76　"新建"对话框

图 9-77　新建图层

（42）激活工具箱中的"椭圆形选框"工具，如图 9-78 所示，按住 Shift 键绘制一个正圆选区。

（43）设置前景色为绿色，背景色为深绿色。激活工具箱中的"渐变填充"工具，在其属性栏中选择"径向"渐变，从左上角到右下角填充渐变色，效果如图 9-79 所示。

图 9-78　绘制选区

图 9-79　填充选区

（44）在图层面板中，单击"添加图层样式"按钮，选择添加"斜面和浮雕"选项，如图 9-80 所示设置参数。

（45）继续添加"等高线"图层样式，等高线参数设置如图 9-81 所示，并调整范围至"100%"。

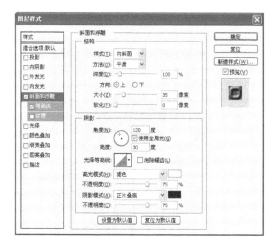

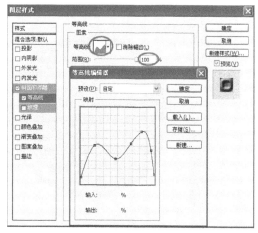

图 9-80 "图层样式"对话框　　　　　　图 9-81 "图层样式"对话框

（46）经过两次参数设置，单击"确定"按钮，效果如图 9-82 所示。

（47）如图 9-83 所示，在图层面板中新建图层"图层 2"。

图 9-82 图层样式效果　　　　　　图 9-83 新建图层

（48）激活工具箱中的"钢笔"路径工具，绘制一条封闭路径，形状如图 9-84 所示。

（49）如图 9-85 所示，在路径面板中，单击"将路径作为选区载入"按钮，将路径转化为选区。

图 9-84 绘制路径　　　　　　图 9-85 载入选区

（50）设置前景色为黄绿色。激活工具箱中的"渐变填充"工具，在其属性栏中选择"前景色到透明"渐变模式，从选区的左上角到右下角填充渐变色，效果如图 9-86 所示。

（51）如图 9-87 所示，在图层面板中新建图层"图层 3"。

图 9-86　填充渐变效果

图 9-87　新建图层

（52）以图层 3 为当前图层。激活"钢笔"路径工具并绘制如图 9-88 所示的符号"√"。

（53）在路径面板中，单击"将路径作为选区载入"按钮，将路径转化为选区后填充白色，效果如图 9-89 所示。

图 9-88　绘制选区

图 9-89　填充色彩

（54）如图 9-90 所示，在图层面板中，按住 Shift 键将"图层 1"、"图层 2"、"图层 3"一同选取。

（55）单击鼠标右键，在快捷菜单中选择"合并图层"命令，如图 9-91 所示，将其合并为"图层 1"。

图 9-90　选取图层

图 9-91　合并图层

（56）激活工具箱中的"移动"工具，将水晶按钮拖入文件中，并调整大小、位置，效果如图 9-92 所示。

（57）用同样的制作方法再制作几个不同的水晶按钮，并纵向排列在如图 9-93 所示的位置，将所有按钮合并为一个图层。

图 9-92　调整位置大小　　　　　　　　　　　　　图 9-93　排列按钮

（58）在图层面板中，单击"添加图层样式"按钮，选择添加"外发光"选项，如图 9-94 所示设置参数。

（59）单击"确定"按钮，则添加图层样式后的效果如图 9-95 所示。

图 9-94　"图层样式"对话框　　　　　　　　　　图 9-95　图层样式效果

（60）设置前景色为白色，如图 9-96 所示，在图层面板中新建图层"图层 5"。

（61）激活工具箱中的"圆角矩形"工具，在其属性栏中，选择"直接填充像素"选项，半径设置为"50"像素，在画面右上角绘制一个圆角矩形（注意上部和左边都要设置出血），效果如图 9-97 所示。

（62）继续使用"圆角矩形"工具，在刚刚绘制的圆角矩形下面再绘制一个圆角矩形，并且一部分与之重叠，效果如图 9-98 所示。

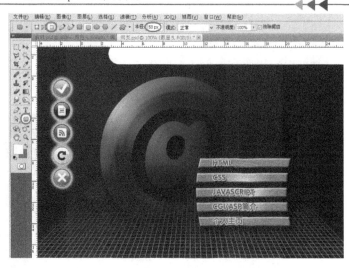

图 9-96　新建图层　　　　　　　　　　图 9-97　绘制矩形

图 9-98　继续绘制矩形

（63）以图层 5 为当前图层，激活工具箱中的"矩形选框"工具，在如图 9-99 所示的位置绘制一个矩形选框并按 Delete 键删除选区内容。

图 9-99　绘制选区并删除

（64）在底边正中心的位置绘制一个圆角矩形（一半出血），效果如图 9-100 所示。

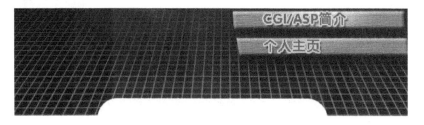

图 9-100　绘制圆角矩形

（65）此时的画面在使用"圆角矩形"工具绘制两个部分之后的效果如图 9-101 所示。

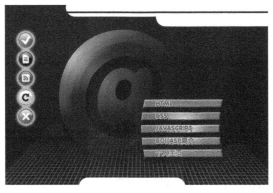

图 9-101　整体效果

（66）在图层面板中，单击"添加图层样式"按钮，选择添加"斜面和浮雕"选项，如图 9-102 所示设置参数。

（67）选择添加"纹理"选项，如图 9-103 所示设置参数。

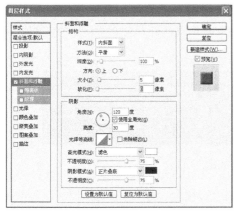

图 9-102　"图层样式"对话框　　　　图 9-103　"图层样式"对话框

（68）选择"光泽"样式，等高线选择预设的第二个效果，其他参数如图 9-104 所示。

（69）选择"渐变叠加"样式，如图 9-105 所示，设置从白色到蓝色的渐变效果，样式为"径向"，角度为"180"度。

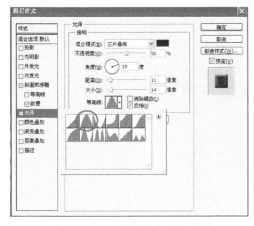

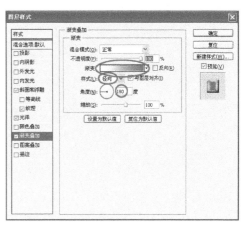

图 9-104　"图层样式"对话框　　　　图 9-105　"图层样式"对话框

（70）单击"确定"按钮，则添加系列图层样式后的效果如图 9-106 所示。

（71）新建图层"图层 6"，此时图层面板如图 9-107 所示。

图 9-106　效果　　　　　　　　　　　　　　　图 9-107　新建图层

（72）设置前景色为白色，激活工具箱中的"直线"工具，在其属性栏中设置粗细为"2"像素，在如图 9-108 所示位置绘制一条有转折的直线，并在如图 9-97 所示的位置上面用"椭圆形选框"工具绘制几个正圆并填充白色。

图 9-108　绘制直线

（73）如图 9-109 所示，在图层面板中，复制"图层 6"为"图层 6 副本"，并单击"锁定"按钮，单击菜单"编辑"→"填充"命令并填充"黑色"。

（74）如图 9-110 所示，在图层面板中，以"图层 6"为当前选择图层。

（75）单击菜单"滤镜"→"其他"→"最小值"命令，在如图 9-111 所示的"最小值"对话框中，设置半径为"3"像素。

图 9-109　复制图层　　　　　图 9-110　设置当前图层　　　　图 9-111　"最小值"对话框

（76）单击"确定"按钮，效果如图 9-112 所示。

图9-112　"最小值"命令效果

（77）单击菜单"滤镜"→"模糊"→"高斯模糊"命令，在如图 9-113 所示的"高斯模糊"对话框中，设置半径为"6"像素。

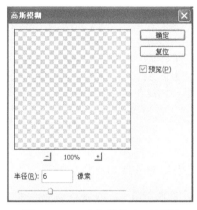

图9-113　"高斯模糊"对话框

（78）单击"确定"按钮，则制作高斯模糊后的效果如图9-114所示。

图9-114　"高斯模糊"效果

（79）如图9-115所示，在图层面板中，以"背景"图层为当前选择图层。

（80）打开"网页案例"文件，如图9-116所示。

图9-115　设置当前图层

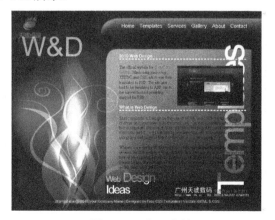

图9-116　打开素材

（81）激活工具箱中的"椭圆形选框"工具，按住 Shift 键在如图 9-117 所示的位置绘制正圆选区。

（82）激活工具箱中的"移动"工具，将选取的选区拖入文件中，并调整大小、位置，效果如图9-118所示。

图9-117 绘制选区

图9-118 复制选区

（83）如图9-119所示，在图层面板中，复制"图层7"为"图层7副本"。

（84）调整大小、位置，效果如图9-120所示。

图9-119 复制图层

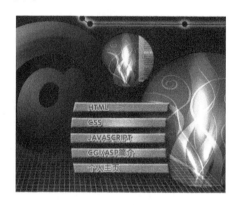

图9-120 调整图层

（85）在图层面板中，以"图层7"为当前图层。单击菜单"图像"→"调整"→"色相/饱和度"，在弹出的"色相/饱和度"对话框中，如图9-121所示调整参数。

（86）单击"确定"按钮，则调整色相后的效果如图9-122所示。

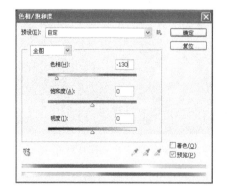

图9-121 "色相/饱和度"对话框

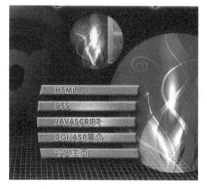

图9-122 调整色相后的效果

（87）打开另一个"网页案例"文件，如图 9-123 所示。

（88）激活"椭圆形选框"工具，选取主体部分复制至文件中，形成图层 8，将其调整在"图层 7"和"图层 7 副本"之间，效果如图 9-124 所示。

图 9-123　打开素材　　　　　　　　　　　　　图 9-124　复制素材

（89）以"图层 8"为当前图层，单击菜单"图像"→"调整"→"反相"命令，效果如图 9-125 所示。

（90）设置前景色为灰色，将"图层 7"、"图层 7 副本"和"图层 8"分别描边，参数设置如图 9-126 所示。

图 9-125　"反相效果"　　　　　　　　　　　图 9-126　"描边"对话框

（91）单击"确定"按钮，则 3 个图层描边后的效果如图 9-127 所示。

（92）激活工具箱中的"横排文字"工具，在如图 9-128 所示位置输入文字"网页设计"，尽量选用较粗的字体（这里选用的是"超粗黑"字体）。

图 9-127　描边效果　　　　　　　　　　　　图 9-128　输入文字

（93）在图层面板中，如图 9-129 所示，将文字图层栅格化并复制，再以"网页设计"图层为当前选择图层。

（94）单击菜单"选择"→"载入选区"命令，如图 9-130 所示选择选项，单击"确定"按钮。再单击菜单"选择"→"存储选区"命令，将选区存储备用。

图 9-129　栅格化文字图层　　　　　　　图 9-130　"载入选区"对话框

（95）取消选区，单击菜单"滤镜"→"模糊"→"动感模糊"命令，在"动感模糊"对话框中，如图 9-131 所示，设置角度为"90"度，距离为"35"像素。

（96）单击"确定"按钮，则制作垂直"动感模糊"后的文字效果如图 9-132 所示。

图 9-131　"动感模糊"对话框　　　　　　图 9-132　"动感模糊"效果

（97）在图层面板中，以"网页设计副本"图层为当前图层，单击菜单"滤镜"→"模糊"→"动感模糊"命令，在其对话框中，如图 9-133 所示，设置角度为"0"度，距离为"35"像素。

（98）单击"确定"按钮，则制作水平"动感模糊"后的文字效果如图 9-134 所示。

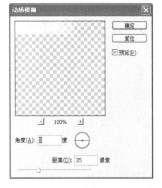
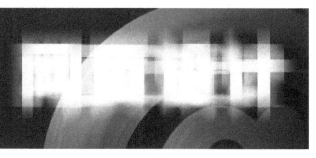

图 9-133　"动感模糊"对话框　　　　　　图 9-134　"动感模糊"效果

（99）单击菜单"选择"→"载入选区"命令，如图 9-135 所示，载入通道"Alpha1"（刚才储存的选区）并按 Delete 键删除选区内容，效果如图 9-136 所示。

图 9-135　"载入选区"对话框

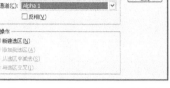

图 9-136　效果

（100）确保选区存在，设置前景色为白色，单击菜单"编辑"→"描边"命令，在其对话框中，如图 9-137 所示设置参数，单击"确定"按钮。

（101）如图 9-138 所示，在图层面板中，以"网页设计"图层为当前选择图层，将"不透明度"设置为"70%"，效果如图 9-139 所示。一副静态的网页完成，效果如图 9-1 所示。此时图层面板如图 9-140 所示。

图 9-137　"描边"对话框

图 9-138　设置"不透明度"参数

图 9-139　改变"不透明度"的效果

图 9-140　图层面板

239

9.4　相关知识链接

网页是网站构成的基本元素。当我们在网络中遨游时，一副副精彩的网页会呈现在我们面前。那么，网页的精彩与否的因素是什么呢？色彩的搭配、文字的变化、图片的处理等，这些当然是不可忽略的因素，除了这些，还有一个非常重要的因素——网页的布局。下面，我们就有关网页布局的常见问题简单探讨一下。

9.4.1　第一屏

所谓第一屏，是指浏览一个网站在不拖动滚动条时能够看到的部分。那么第一屏有多"大"呢？其实这是未知的。一般来讲，在 800×600 的屏幕显示模式下（这也是最常用的），在 IE 安装后默认的状态（即工具栏地址栏等没有改变）下，IE 窗口内能看到的部分为 778×435，一般来讲，以这个大小为标准就行了。毕竟，在无法适应所有人的情况下，设计只能为大多数人考虑。

虽然第一屏要放最主要的内容，但关键要知道的是，我们要对第一屏能显示的面积要有充分理解而不要仅仅以自己的机器显示为准。网页制作的一个很麻烦的地方就是浏览者的机器是未知的。因此在网页设计过程中，向下拖动页面是惟一给网页增加更多内容（尺寸）的方法。要提醒大家的是，除非肯定网页的内容能吸引大家拖动，否则不要让访问者拖动页面超过三个屏幕。如果需要在同一页面显示超过三个屏幕的内容，最好设置页面内部的链接，以方便访问者浏览。

9.4.2　设计者应该注意的几个问题

在进行网页设计时，设计者应注意以下几个问题。

（1）页面尺寸设置。

（2）导航栏的变化与统一。导航栏是指位于页眉区域的，在页眉横幅图片上边或下边的一排水平导航按钮，它起着链接网站的各个页面的作用。

几乎每个网页都有导航栏，对同一个网站内的所有网页来说，导航栏必须在设计风格上力求统一。"在统一的基础上寻求变化"——这是设计师应时刻注意的问题。

（3）网页布局。网页设计师应该尽量熟悉典型网页的基本布局方式，根据客户的需要选择使用最恰当的网页布局。

（4）网页空间中的视觉导向。每个网页都有一个视觉空间，都有深度、广度和时间流逝的感觉。当打开一个新的网页后，人们的视线首先会聚焦在网页中最引人注意的那一点上——通常称其为"视觉焦点"。

（5）文字信息的设计和编排。编排网页上的文字信息时需要考虑字体、字号、字符间距和行距、段落版式、段间距等因素。从美学的观点看，既保证网页整体视觉效果的和谐与统一，又要保证所有文字信息的醒目和易于识别，这是评价该工作的最高标准。

（6）色彩的使用技巧。网页设计中，色彩是艺术表现的要素之一。根据和谐、均衡和重点突出的原则，将不同的色彩进行组合、搭配来构成美丽的页面。

（7）技术与艺术的紧密结合。网络技术主要表现为客观因素，艺术创意主要表现为主观因素，网页设计者应该积极主动地掌握现有的各种网络技术，注重技术和艺术紧密结合，这样才能穷尽技术之长，实现艺术想象，满足浏览者对网页信息的高质量需求。

第 *10* 章

包装设计——滤镜命令综合运用

包装广泛用于生活、生产中。包装不仅仅停留在保护商品的层面上，它给人类带来了艺术与科技完美结合的视觉愉悦以及超值的心理享受。包装设计是一门综合性很强的创造性活动，设计师要运用各种方法、手段，将商品的信息传达给消费者。它涉及到自然、社会、科技、人文、生理和心理等诸多因素，想要快速、准确地达到设计目标，降低成本，增加产品的附加值，就必须要有严格、周密的设计程序和方法。

在商品竞争日益激烈，消费需求不断增长的市场环境中，企业之间的品牌、产品质量和服务质量相差不远时，什么方式可以占有更多的市场份额，无可非议，包装起到了相当大的作用。

10.1 光盘包装设计案例分析

1．创意定位

包装装潢也属于平面设计范畴，它是依附于包装立体之上的平面设计。包装不仅仅是为促销商品，更重要的是体现出一个企业的经营文化，这其中不乏美的艺术形式存在。

如图 10-1 所示，光盘的包装设计是"方寸之间见乾坤"的设计，小小的空间内图形、色彩、文字运用得当，可以发挥出平面设计的无穷魅力。

通过包装外型的设计和色彩的选择来表现产品的亲和力、潮流性、科技性及神秘性；通过产品的图案设计直接与客户近距离的接触，以达到短时间内让客户认识该产品的真正用途——提供高品质的素材。

2．所用知识点

上面的包装设计中，主要用到了 Photoshop CS5 软件中的以下命令。

● 图层蒙版工具
● 图层混合模式

- 图层样式命令
- 多重滤镜命令
- 曲线调整

图 10-1 DVD 包装

3. 制作分析:

该包装的制作分为 5 个环节。
- 封面制作阶段
- 封底制作阶段
- 展开图阶段
- 立体图制作阶段
- 光盘制作阶段。

10.2 知 识 卡 片

10.2.1 镜头光晕

该滤镜能够模仿摄影镜头朝向太阳时,明亮的光线射入照相机镜头后所拍摄到的效果。这是摄影技术中一种典型的光晕效果处理方法。
- 光晕中心:可以在缩略图中看到一个"+"等号,可以利用鼠标进行拖动,来指定光的位置。打开如图 10-2 所示图像,观察不同镜头的效果差别。
- 亮度:调整当前文件图像光的亮度,数值越大光照射的范围就越大。
- 镜头类型:
    - ➢ 50-300 毫米变焦:照射出来的光是默认值,如图 10-3 和图 10-4 所示。

图 10-2　素材　　　　　　图 10-3　"镜头光晕"对话框　　　　图 10-4　50-300 毫米变焦效果

➢ 35 毫米聚焦：照射出来的光感稍强，如图 10-5 和图 10-6 所示。

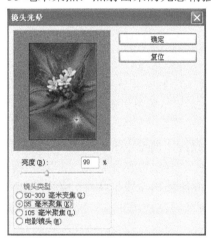

图 10-5　"镜头光晕"对话框　　　　　　　　图 10-6　35 毫米聚焦效果

➢ 105 毫米聚焦：照射出来的光感会更强，如图 10-7 和图 10-8 所示。

图 10-7　"镜头光晕"对话框　　　　　　　　图 10-8　105 毫米聚焦效果

➤ 电影镜头：则创造出玄光效果，如图 10-9 和图 10-10 所示。

图 10-9 "镜头光晕"对话框

图 10-10 电影镜头效果

10.2.2 光照效果

该滤镜包括 17 种不同的光照样式、3 种光照类型和 1 组光照属性，可以在 RGB 图像上制作出各种各样的光照效果，也可以加入新的纹理及浮雕效果等，使平面图像产生三维立体的效果。

在"光照效果"对话框中，仍以图 10-2 为原图，调整 3 种光照类型及光照属性参数，进行分析。

● 平行光：以一条直线的形式变化灯光。按住鼠标左键，按住一点进行拖动，改变属性参数，拖动滑块，观察预览窗口，直到效果满意为止。如图 10-11 和图 10-12 所示为在曝光不足情况下产生的效果。

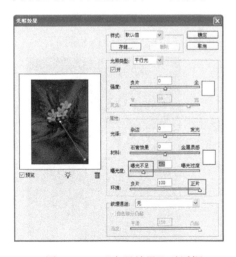

图 10-11 "光照效果"对话框

图 10-12 平行光光照效果

● 全光源：以圆形的形式，利用鼠标单击某一点进行拖动使光源变大变小，直到效果满意为止，如图 10-13 和图 10-14 所示。

● 点光源：可以随便单击某一点使它变形，然后直到效果满意为止，如图 10-15 和图 10-16 所示。

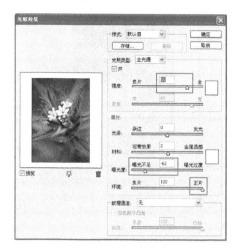

图 10-13　"光照效果"对话框

图 10-14　全光源光照效果

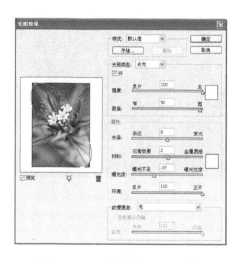

图 10-15　"光照效果"对话框

图 10-16　点光源光照效果

10.3　实 例 解 析

10.3.1　桌面背景制作过程

（1）设置背景色为黑色。新建文件，分辨率设置为"300"像素/英寸，其他参数如图 10-17 所示。

（2）单击菜单"滤镜"→"渲染"→"镜头光晕"命令，如图 10-18 所示，在"镜头光晕"对话框中，将光晕设置在画布的中心位置。

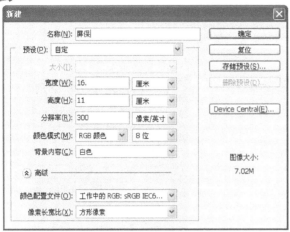

图 10-17　"新建"对话框

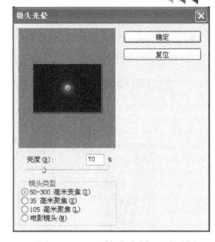

图 10-18　"镜头光晕"对话框

（3）再次单击"镜头光晕"命令，保持默认设置，将光晕中心设置在如图 10-19 所示的位置。单击"确定"按钮，效果如图 10-20 所示。

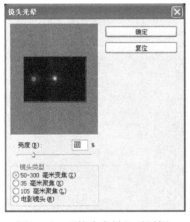

图 10-19　"镜头光晕"对话框

图 10-20　"镜头光晕"对话框

（4）继续重复上面的步骤数次，绘制数个光晕中心，如图 10-21 和图 10-22 所示。

图 10-21　"镜头光晕"对话框

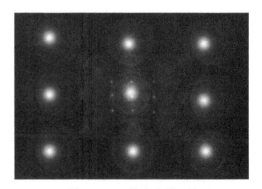

图 10-22　"镜头光晕"效果

（5）单击菜单"图像"→"调整"→"色相/饱和度"命令，在"色相/饱和度"对话框中，设置如图 10-23 所示参数。单击"确定"按钮，即可实现图像的去色效果，如图 10-24 所示。

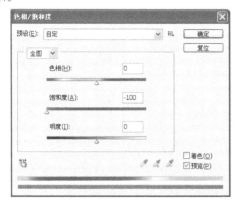

图 10-23　"色相/饱和度"对话框

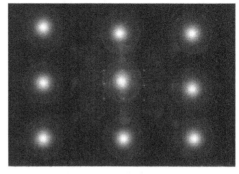

图 10-24　"色相/饱和度"调整效果

如果不用"色相/饱和度"命令调整，也可以选择"图像"→"调整"→"去色"命令，以实现快速去色的目的。其实"去色"命令就是将图像的饱和度调整为–100。

（6）单击菜单"滤镜"→"像素化"→"铜版雕刻"命令，在"铜版雕刻"对话框中，如图 10-25 所示设置参数，单击"确定"按钮，效果如图 10-26 所示。

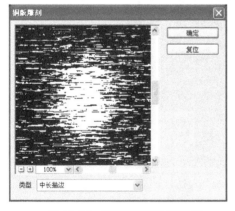

图 10-25　"铜版雕刻"对话框

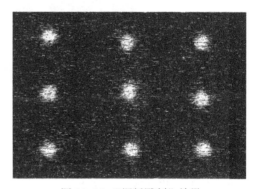

图 10-26　"铜版雕刻"效果

（7）单击菜单"滤镜"→"模糊"→"径向模糊"命令，在"径向模糊"对话框中，如图 10-27 所示设置参数，单击"确定"按钮，连续 3 次按快捷组合键 Ctrl+F，效果如图 10-28 所示。

图 10-27　"径向模糊"对话框

图 10-28　"径向模糊"效果

（8）为图像加一些颜色，按组合键 Ctrl+U，打开"色相/饱和度"对话框，设置如图 10-29 所示的参数，单击"确定"按钮，效果如图 10-30 所示（也可以根据自己的喜好调整为其他颜色）。

图 10-29 "色相/饱和度"对话框   图 10-30 "色相/饱和度"调整效果

（9）将背景图层拖到面板底部的新建按钮中，复制一个图层。并将新图层的混合模式改为"变亮"，如图 10-31 所示。

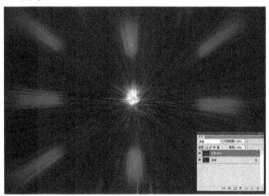

图 10-31 将混合模式改为"变亮"

（10）单击菜单"滤镜"→"扭曲"→"旋转扭曲"命令，在"旋转扭曲"对话框中，如图 10-32 所示设置角度参数，单击"确定"按钮，效果如图 10-33 所示。

（11）按组合键 Ctrl+J 再复制一个图层，执行"旋转扭曲"命令，在"旋转扭曲"对话框中，如图 10-34 所示设置角度参数，单击"确定"按钮，效果如图 10-35 所示。

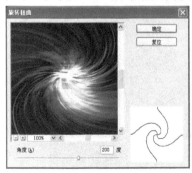 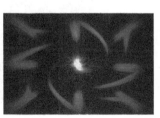 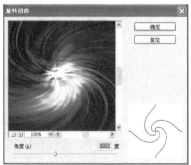

图 10-32 "旋转扭曲"对话框   图 10-33 "旋转扭曲"效果   图 10-34 "旋转扭曲"对话框

（12）以复制图层 2 为当前图层，打开"色相/饱和度"对话框，如图 10-36 所示设置参数，单击"确定"按钮，效果如图 10-37 所示

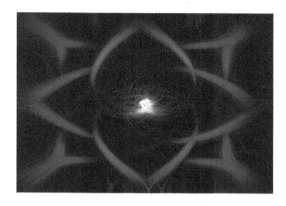

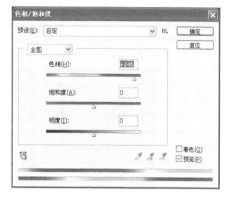

图 10-35　"旋转扭曲"效果　　　　　　　图 10-36　"色相/饱和度"对话框

（13）将两个复制图层合并，单击菜单"滤镜"→"扭曲"→"波浪"命令，如图 10-38 所示设置角度参数，调整满意后单击"确定"按钮，效果如图 10-39 所示，这样就得到了一幅抽象的炫彩背景。

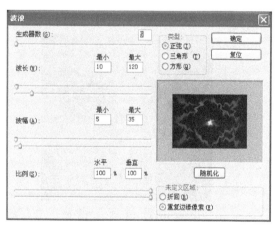

图 10-37　"色相/饱和度"调整效果　　　　　图 10-38　"波浪"对话框

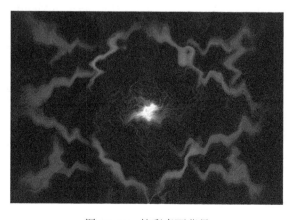

图 10-39　炫彩桌面背景

10.3.2 DVD 封面制作过程

（1）打开一幅"人像"图片，如图 10-40 所示。

（2）激活工具箱中的"裁剪"工具，按 Shift 键，如图 10-41 所示，裁剪"脸"的上半部分。

图 10-40　打开素材　　　　　　　　图 10-41　裁减图像

（3）调整裁剪范围后，双击鼠标左键，裁剪后的效果如图 10-42 所示。

（4）如图 10-43 所示，在图层面板中复制"背景"图层为"背景副本"。

图 10-42　裁减后的图像　　　　　　　图 10-43　复制图层

（5）如图 10-44 所示，以背景图层为当前图层，激活"填充"工具将其填充为黑色。

（6）如图 10-45 所示，以"背景副本"为当前图层，单击"添加图层蒙版"按钮。

图 10-44　填充颜色　　　　　　　　图 10-45　添加图层蒙版

（7）激活工具箱中的"渐变填充"工具，在其相应的属性栏中单击"渐变编辑器"按钮，在"渐变编辑器"对话框中，如图 10-46 所示设置渐变色为从黑色到白色再到黑色的渐变。

（8）以"背景副本"为当前图层，按住 Shift 键从上至下进行渐变填充，此时图层面板的效果如图 10-47 所示。

图 10-46　"渐变编辑器"对话框　　　　　图 10-47　填充渐变色

（9）如图 10-48 所示为画面添加图层蒙版后的效果。

（10）打开"条纹花卉"文件，如图 10-49 所示。

图 10-48　添加图层蒙版的效果　　　　　图 10-49　打开素材

（11）激活工具箱中的"移动工具"，将"条纹花卉"图片拖入文件中，生成"图层 1"，调整位置如图 10-50 所示。

（12）在图层面板中，如图 10-51 所示，选择"图层 1"的混合模式为"叠加"。

图 10-50　拷贝图像　　　　　　　　图 10-51　改变图层模式

（13）图片叠加的效果如图 10-52 所示。

（14）在图层面板中，单击面板底部的"添加图层蒙版"按钮。激活渐变填充工具，设置渐变填充为从白色到黑色的"径向"渐变。添加图层蒙版后，"条纹花卉"图形自然地结合到脸部，效果如图 10-53 所示。

图 10-52　叠加效果　　　　　　　　　　图 10-53　添加蒙版效果

（15）此时图层面板如图 10-54 所示。

（16）如图 10-55 所示，在图层面板中，新建图层"图层 2"。

图 10-54　图层面板　　　　　　　　　　图 10-55　新建图层

（17）激活工具箱中的"自定形状工具"，在其属性栏中，单击"填充像素"选项，并在形状选项中选择如图 10-56 所示的形状。

（18）单击属性栏中"填充像素"按钮，然后按住 Shift 键，如图 10-57 所示，在右眼位置绘制图形。

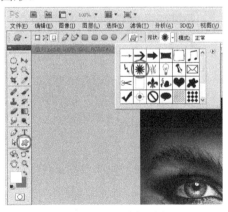

图 10-56　选择对象　　　　　　　　　　图 10-57　绘制图形

（19）在图层面板中，如图 10-58 所示，设置"图层 2"的混合模式为"色相"。

（20）设置混合模式后的效果如图 10-59 所示。

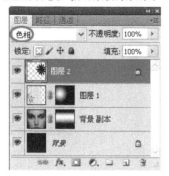

图 10-58　改变图层模式　　　　　　　图 10-59　改变图层模式的效果

（21）如图 10-60 所示，复制"图层 2"为"图层 2 副本"，将混合模式设置为"正常"。

（22）按组合键 Ctrl+T，然后按住组合键 Shift+Alt，拖动边角放大图形，如图 10-61 所示，放大约 3～4 毫米。

图 10-60　复制图层　　　　　　　　图 10-61　放大图像

（23）在图形面板中，如图 10-62 所示，以"图层 2 副本"为当前图层，按住 Ctrl 键单击"图层 2"窗口，载入"图层 2"的选区。

（24）载入"图层 2"的选区效果如图 10-63 所示。

图 10-62　载入选区　　　　　　　　图 10-63　载入选区效果

（25）按 Delete 键，删除选区的内容，效果如图 10-64 所示。

（26）如图 10-65 所示，改变"图层 2 副本"的"不透明度"为"50%"。右眼的装饰效果完成，如图 10-66 所示。

图 10-64　删除内容　　　　　图 10-65　改变"不透明度"　　　　图 10-66　效果

（27）激活工具箱中的"横排文字"工具，前景色暂时设置为黄色，在画面中输入如图 10-67 所示英文字母。

（28）打开字符面板，设置如图 10-68 所示字体、大小和字间距。

图 10-67　输入文字　　　　　　　　　　图 10-68　字符面板

（29）如图 10-69 所示，在图层面板中，新建图层"图层 3"。

（30）激活工具箱中的"圆角矩形工具"，在其属性栏中，单击"填充像素"按钮，在如图 10-70 所示位置绘制一个圆角矩形，矩形与文字连接为一体。

图 10-69　新建图层　　　　　　　　　　图 10-70　绘制圆角矩形

（31）如图 10-71 所示，在图层面板中，按住 Ctrl 键加选文字图层。

（32）单击鼠标右键，在其快捷菜单中选择"合并图层"命令，如图 10-72 所示将两个图层合并。

图 10-71　加选文字图层

图 10-72　合并图层

（33）如图 10-73 所示，单击面板底部的"添加图层样式"按钮，选择"渐变叠加"选项。

（34）在弹出的"图层样式"对话框中，如图 10-74 所示。单击"渐变"选项，在如图 10-75 所示的对话框中编辑渐变色。

（35）在"渐变编辑器"对话框中设置渐变效果后，单击"新建"按钮并命名储存以备后用。

（36）选择"斜面和浮雕"选项，如图 10-76 所示设置参数，增加立体效果。

图 10-73　选择"渐变叠加"选项

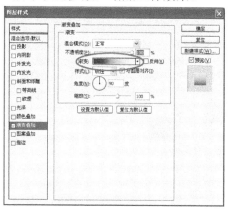

图 10-74　"图层样式"对话框

图 10-75　"渐变编辑器"对话框

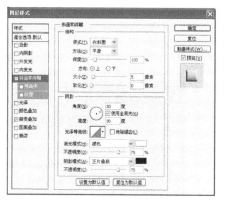

图 10-76　"图层样式"对话框

（37）继续选择"等高线"选项，等高线的形态选择如图 10-77 所示的形态。

（38）在经过添加色彩渐变、斜面和浮雕、等高线图层样式设置后文字效果如图 10-78 所示。

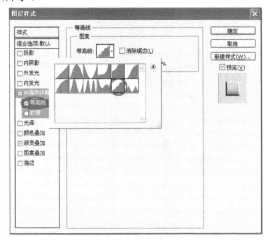

图 10-77　"图层样式"对话框　　　　　　　图 10-78　效果

（39）继续添加图层样式，选择"纹理"选项，选择如图 10-79 所示的图案。

（40）设置"深度"数值如图 10-80 所示。

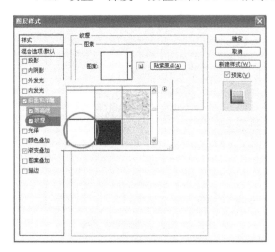

图 10-79　"图层样式"对话框　　　　　　　图 10-80　"图层样式"对话框

（41）添加"纹理"图层样式后的文字效果如图 10-81 所示。

图 10-81　效果

（42）激活工具箱中的"横排文字"工具，在如图 10-82 所示位置输入中文，并调整文字的大小和字体。

（43）以文字图层为当前图层，单击鼠标右键，在弹出的快捷菜单中选择"栅格化文字"命令，如图 10-83 所示，将文字图层转化为普通图层。

图 10-82　输入文字

图 10-83　栅格化文字图层

（44）单击菜单"选择"→"载入选区"命令，在弹出的"载入选区"对话框中，如图 10-84 所示设置选项，单击"确定"按钮，载入选区。

（45）如图 10-85 所示，关闭文字图层的眼睛，以"图层 3"为当前选择图层。

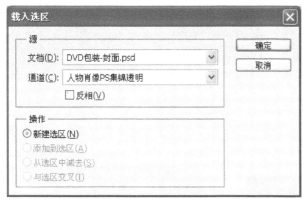

图 10-84　"载入选区"对话框

图 10-85　选择当前图层

（46）按 Delete 键删除选区内容，效果如图 10-86 所示。

图 10-86　效果

（47）打开"DVD 标志"图片文件，如图 10-87 所示。

图 10-87　打开素材

（48）激活工具箱中的"移动"工具，将标志图片拖入文件中。激活工具箱中的"魔术棒"工具选取黑色底色部分，效果如图 10-88 所示。

（49）按 Delete 键删除选区的内容，效果如图 10-89 所示。

图 10-88　拷贝对象　　　　　　　　　　　　　　　图 10-89　删除黑色

（50）将标志缩小，调整到如图 10-90 所示位置，DVD 封面设计制作完成。此时图层面板的效果如图 10-91 所示。

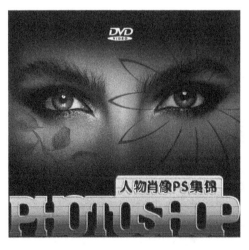

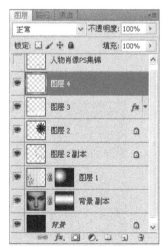

图 10-90　封面效果　　　　　　　　　　　　图 10-91　图层面板

10.3.3　封底设计

（1）打开 DVD 封面文件，在图层面板中删除如图 10-92 所示图层以外的其他图层。

（2）保留下来的图层效果如图 10-93 所示。

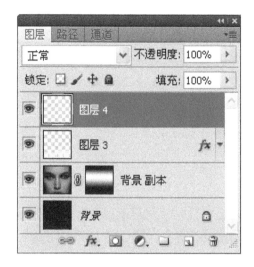

图 10-92　图层面板

图 10-93　删除图层后效果

（3）如图 10-94 所示，在图层面板中，以"背景副本"图层为当前选择图层。

（4）单击菜单"滤镜"→"素描"→"便条纸"命令，在弹出的对话框中，如图 10-95 所示设置参数。单击"确定"按钮，效果如图 10-96 所示。

（5）如图 10-97 示，在图层面板中，以"图层 3"为当前选择图层。

（6）激活工具箱中的"移动"工具，按住 Shift 键，如图 10-98 所示将文字垂直向上移动一定的距离。

（7）激活工具箱中的"矩形选框"工具，在如图 10-99 所示位置绘制一个矩形选区。

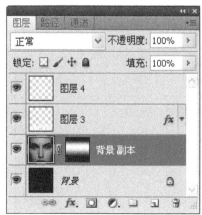

图 10-94　选择当前图层

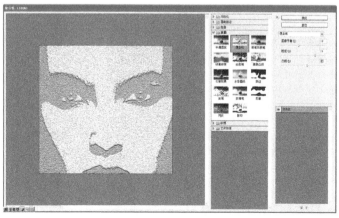

图 10-95　"便条纸"对话框

图 10-96　便条纸效果

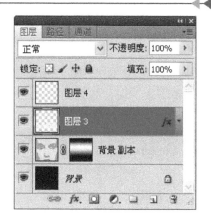

图 10-97　选择当前图层

图 10-98　调整位置

图 10-99　绘制矩形选区

（8）填充任意一种颜色，得到如图 10-100 所示的效果。

（9）用鼠标双击"图层 3"，打开原来制作的图层样式，如图 10-101 所示，只保留"渐变叠加"样式，其他样式都关闭。

图 10-100　填充效果

图 10-101　"图层样式"对话框

（10）单击"确定"按钮，调整后的图层样式效果如图 10-102 所示。

图 10-102　"渐变叠加"效果

（11）如图 10-103 所示，在图层面板中，以"图层 4"为当前选择图层。

（12）激活"移动工具"，将"图层 4"的标志移动到画面的右上角，效果如图 10-104 所示。

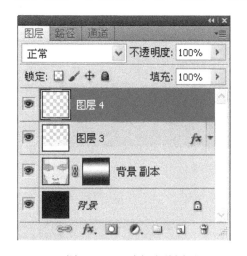

图 10-103　选择当前图层

图 10-104　调整图层效果

（13）激活文字工具，如图 10-105 所示，在标志右边输入文字。

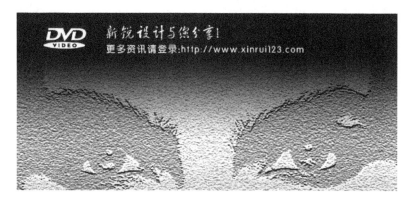

图 10-105　输入文字

（14）如图 10-106 所示在画面的下方输入相应的文字。单击面板下方的"图层样式"按钮，选择"投影"选项，在"图层样式"对话框中，如图 10-107 所示设置参数。

（15）单击"确定"按钮，效果如图 10-108 所示。

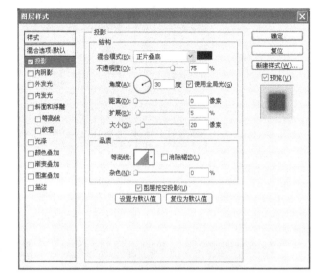

图 10-106　输入文字　　　　　　　　　图 10-107　"图层样式"对话框

![图 10-108 投影效果]

图 10-108　"投影"效果

（16）DVD 包装封底制作完成，效果如图 10-109 所示，图层面板如图 10-110 所示。

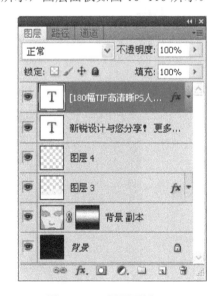

图 10-109　封底效果　　　　　　　　　图 10-110　图层面板

10.3.4　展开图设计

（1）打开"DVD 包装封面"文件，将所有图层合并，此时图层面板如图 10-111 所示。

（2）单击菜单"图像→画布大小"命令，设置如图 10-112 所示参数，"定位"选择右侧中间的模块。

图 10-111　图层面板　　　　　　　　图 10-112　"画布大小"对话框

（3）单击"确定"按钮，更改画布后的效果如图 10-113 所示。

（4）打开"DVD 包装封底"文件，将所有图层合并，此时图层面板如图 10-114 所示。

图 10-113　改变画布大小　　　　　　　图 10-114　图层面板

（5）激活"移动"工具，将合并的封底图片拖动至封面文件中，并放置在如图 10-115 所示的位置。

图 10-115　移动图片

（6）如图 10-116 所示，在图层面板中，新建图层"图层 2"。

（7）激活工具箱中的"矩形选框"工具，如图 10-117 所示，在封面和封底之间空白的位置绘制矩形选区。

图 10-116　新建图层　　　　　　　　　图 10-117　绘制矩形选区

（8）设置前景色为黑色，激活"油漆桶"工具并填充黑色，效果如图 10-118 所示。

（9）激活工具箱中的"直排文字工具"，在画面中输入文字，调整文字的字体和大小，效果如图 10-119 所示。

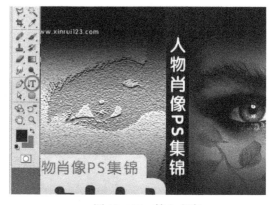

图 10-118　填充黑色　　　　　　　　　图 10-119　输入文字

（10）从"封底"原文件中（图层合并前），将 DVD 标志所在图层拖入文件中，并顺时针旋转 90 度，放置在如图 10-120 所示的位置。

（11）如图 10-121 所示，在图层面板中，按住 Shift 键（按 Ctrl 键可以加选非连续性图层）加选文字层。

图 10-120　复制图像　　　　　　　　　图 10-121　选择图层

（12）将两个图层合并，此时图层面板如图 10-123 所示。

（13）单击图层面板底部的"添加图层样式"按钮，选择"渐变叠加"选项，如图 10-124 所示，在渐变选项中，选择之前创建并存储的渐变效果。

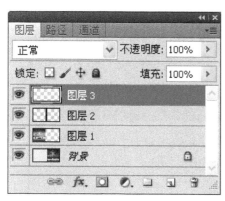

图 10-123 合并图层

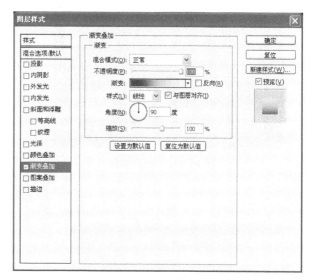

图 10-124 "图层样式"对话框

（14）单击"确定"按钮，则添加"渐变叠加"图层样式的效果如图 10-125 所示。DVD 包装展开图效果制作完成，如图 10-126 所示。

图 10-125 "渐变叠加"效果

图 10-126 展开图效果

10.3.5 立体图设计

（1）激活工具箱中的"裁剪"工具，裁剪展开图并保留如图 10-127 所示的部分。

（2）如图 10-128 所示，在图层面板中，复制"背景"图层为"背景副本"图层。

（3）设置前景色为白色，全选背景图层并填充白色，此时图层面板如图 10-129 所示。

（4）单击菜单"图像"→"画布大小"命令，设置如图 10-130 所示的参数。

图 10-127　裁剪部分

图 10-128　复制图层

图 10-129　填充白色

图 10-130　"画布大小"对话框

（5）单击"确定"按钮，画布更改大小后的效果如图 10-131 所示。

（6）激活工具箱中的"矩形选框"工具，如图 10-132 所示选择侧封部分。

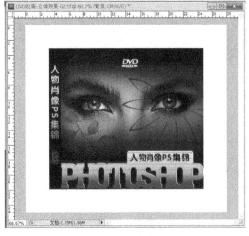

图 10-131　改变大小

图 10-132　绘制选区

（7）单击菜单"编辑"→"剪切"命令，然后执行"编辑"→"粘贴"命令。如图 10-133 所示，在图层面板中，以"背景副本"图层为当前选择图层。

（8）单击菜单"编辑"→"变换"→"扭曲"命令，调整 4 个角点，效果如图 10-134 所示。

图 10-133　复制选区

图 10-134　扭曲图层

（9）如图 10-135 所示，在图层面板中，以"图层 1"为当前选择图层。

（10）单击菜单"编辑"→"变换"→"扭曲"命令，调整 4 个角点，效果如图 10-136 所示。

图 10-135　选择当前图层

图 10-136　扭曲图层

（11）如图 10-137 所示，在背景图层之上新建"图层 2"图层。

（12）激活工具箱中的"多边形套索"工具，在如图 10-138 所示的位置制作一个选区。

图 10-137　新建图层

图 10-138　绘制选区

（13）如图 10-139 所示，设置前景色为灰蓝色，设置背景色为白色。

（14）单击菜单"滤镜"→"渲染"→"云彩"命令，单击"确定"按钮，自动生成如图 10-140 所示效果。如果云彩的效果不理想可以重复几次。

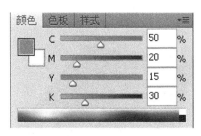

图 10-139　设置颜色

图 10-140　云彩效果

（15）使用"多边形套索"工具在图形的右上角做一个如图 10-141 所示的三角形选区。

（16）单击菜单"图像"→"调整"→"曲线"命令，如图 10-142 所示将曲线向上调整。

图 10-141　绘制选区

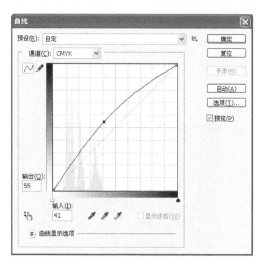

图 10-142　"曲线"对话框

（17）单击"确定"按钮，调整曲线后的效果如图 10-143 所示。

（18）如图 10-144 所示，在图层面板中，选择除背景图层外的所有图层。

图 10-143　调整"曲线"效果

图 10-144　选择图层

（19）在所选图层面板上单击鼠标右键选择"合并图层"选项，此时图层面板如图 10-145 所示。

（20）单击图层面板底部的"添加图层样式"按钮，在"图层样式"对话框中设置如图 10-146 所示参数。

图 10-145　合并图层

图 10-146　"图层样式"对话框

（21）单击"确定"按钮，制作投影后的效果如图 10-147 所示。

（22）如图 10-148 所示，在图层面板中，以背景图层为当前选择图层。

图 10-147　投影效果

图 10-148　选择当前图层

（23）激活工具箱中的"渐变填充"工具，在其属性栏中，单击"渐变编辑器"按钮，在"渐变编辑器"对话框中，设置如图 10-149 所示的渐变色。

（24）在属性栏中，选择"径向渐变"模式，如图 10-150 所示，以包装盒右上角位置为起点向文件边缘做渐变填充。

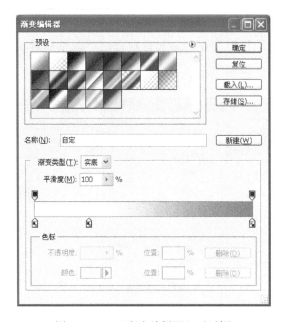

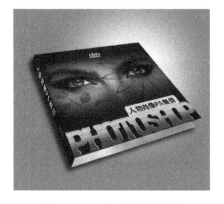

图 10-149　"渐变编辑器"对话框　　　　　　　图 10-150　包装立体效果

10.3.6　光盘设计

（1）新建文件，设置如图 10-151 所示参数，单击"确定"按钮。

（2）如图 10-152 所示，在图层面板中，新建"图层 1"。

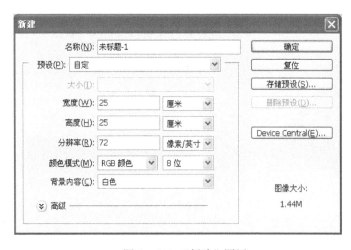

图 10-151　"新建"图层　　　　　　　　　图 10-152　新建图层

（3）激活工具箱中的"椭圆选框"工具，按住 Shift 键，如图 10-153 所示，在画面中绘制一个正圆选区。

（4）激活工具箱中的"渐变填充"工具，在其属性栏中单击"渐变编辑器"按钮，在"渐变编辑器"对话框中，设置如图 10-154 所示的渐变色。

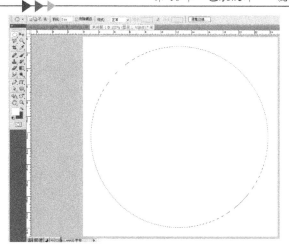

图 10-153　绘制选区　　　　　　　图 10-154　"渐变编辑器"对话框

（5）自选区左上角至右下角拖动鼠标，效果如图 10-155 所示。

（6）按组合键 Ctrl+T，调出自由变换框（通过此方法可以找到园的中心点）。单击菜单"视图"→"标尺"命令，将辅助标尺调出。激活工具箱中的"移动"工具，从左边和上边标尺中分别拖出横、竖两条辅助线，并将交叉点汇集在园的中心点上，效果如图 10-156 所示。

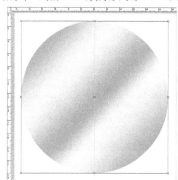

图 10-155　渐变效果　　　　　　　　图 10-156　添加辅助线

（7）如图 10-157 所示，在图层面板中，复制"图层 1"为"图层 1 副本"，并单击"锁定"按钮。

（8）设置前景色为黄色，背景色为深蓝色。激活工具箱中的"渐变填充"工具，按住 Shift 键自上而下做线性渐变填充，效果如图 10-158 所示。

图 10-157　复制图层　　　　　　　　图 10-158　填充渐变色

（9）按组合键 Ctrl+T 调出自由变换框，然后按住组合键 Shift＋Alt，拖动边角向内收缩一定的距离，效果如图 10-159 所示。

（10）激活工具箱中的"椭圆选框"工具，如图 10-160 所示，按住组合键 Shift＋Alt，以辅助线交叉点为起点绘制一个正圆选区。

图 10-159　缩小对象

图 10-160　绘制正圆选区

（11）按 Delete 键删除选区的内容，效果如图 10-161 所示。

（12）如图 10-162 所示，在图层面板中，以"图层 1"为当前选择图层。

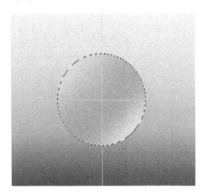
图 10-161　删除选区

图 10-162　选择当前图层

（13）激活工具箱中的"椭圆选框"工具，按住组合键 Shift＋Altt，以辅助线交叉点为起点绘制一个正圆选区，如图 10-163 所示。

（14）设置前景色为白色，激活工具箱中的"油漆桶"工具，填充选区为白色，效果如图 10-164 所示。

图 10-163　绘制选区

图 10-164　填充白色

（15）如图 10-165 所示，再绘制一个小的正圆选区。

（16）如图 10-166 所示，按 Delete 键删除选区的内容。为了便于观察刚才制作的结果，关掉背景层的眼睛。

图 10-165　绘制选区

图 10-166　删除选区的内容

（17）在图层面板中，单击底部的"添加图层样式"按钮，添加"投影"样式，设置如图 10-167 所示的参数。

（18）单击"确定"按钮，则添加投影样式后的效果如图 10-168 所示。

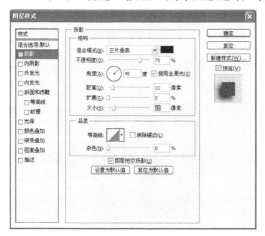

图 10-167　"图层样式"对话框

图 10-168　"投影"效果

（19）打开"DVD 封面"文件，如图 10-169 所示。

（20）在图层面板中，如图 10-170 所示，以"图层 3"为当前选择图层。

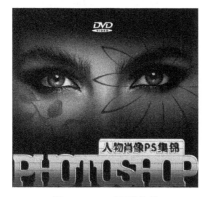

图 10-169　封面文件

图 10-170　封面文件图层

（21）激活工具箱中的"移动"工具，将"图层 3"的文字拖入文件中，效果如图 10-171
所示。

（22）按组合键 Ctrl+T，调整大小与位置，效果如图 10-172 所示。

图 10-171　复制图层　　　　　　　　　　　　图 10-172　调整大小

（23）在图层面板中，如图 10-173 所示，以"图层 2"为当前图层。按住 Ctrl 键并单击
"图层 1 副本"预览窗，载入"图层 1 副本"的选区。

（24）单击菜单"选择"→"反选"命令，然后按 Delete 键删除选区的内容，使文字与
盘面结合更真实，效果如图 10-174 所示。

图 10-173　载入选区　　　　　　　　　　　　图 10-174　删除选区的内容

（25）取消选区。打开文字原来添加的"渐变叠加"图层样式，在"渐变编辑器"对话
框中，添加一个紫色的色带，如图 10-175 所示。

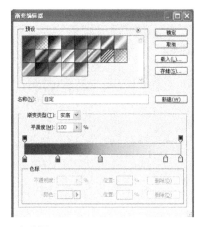

图 10-175　"图层样式"对话框

（26）单击"确定"按钮，则改变"渐变叠加"图层样式后的效果如图 10-176 所示。

图 10-176　改变"渐变叠加"参数

（27）如图 10-177 所示，在图层面板中，新建图层"图层 3"。

（28）激活工具箱中的"圆角矩形"工具，设置前景色为深蓝色，在其相应的属性栏中，单击"填充像素"按钮，半径设置为 20 像素，绘制如图 10-178 所示的矩形选区。

图 10-177　新建图层

图 10-178　绘制圆角矩形选区

（29）在图层面板中，按住 Ctrl 键并单击"图层 1 副本"预览窗位置，载入"图层 1 副本"的选区，然后"反选"并按 Delete 键删除多余的部分，效果如图 10-179 所示。

（30）打开"人像"图像，如图 10-180 所示。

图 10-179　删除选区的内容

图 10-180　打开素材

（31）激活工具箱中的"圆角矩形"工具，在其相应的属性栏中，单击"路径"按钮，设置相应参数后，在眼部绘制一个如图 10-181 所示的矩形选区。

（32）如图 10-182 所示，在路径面板中，单击底部的"将路径作为选区载入"按钮。

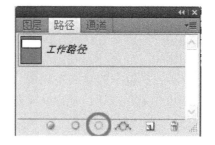

图 10-181　绘制选区　　　　　　　　　　　图 10-182　载入选区

（33）路径转换成选区后的效果如图 10-183 所示。

（34）激活"移动"工具，将选取部分选区拖入文件中，如图 10-184 所示，调整大小、位置。

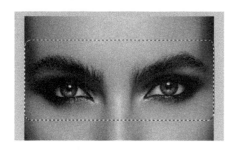

图 10-183　生成选区　　　　　　　　　　　图 10-184　拷贝内容

（35）通过载入选区的方法将多余的部分删除，效果如图 10-185 所示。

（36）将"封面"文件中的标志图层拖入并放置在如图 10-186 所示的位置。

（37）DVD 光盘效果制作完成，效果如图 10-187 所示。

图 10-185　删除内容　　　　图 10-186　复制内容　　　　图 10-187　DVD 光盘效果

10.4　常用小技巧

巧妙运用 Photoshop 中的滤镜，可以创建出无数种精彩纷呈的背景特效，要点在于多尝试、多实践，熟悉各种滤镜能够达到的效果。

本章用到的滤镜主要有镜头光晕、旋转扭曲和波浪，同时还需要对图像进行去色、着色操作等。初学者比较容易实现最终效果，可以作为滤镜与图像调整的入门练习。

10.5　相关知识链接

包装不仅仅是为促销商品，更重要的是体现出一个企业的经营文化，这其中不乏美的存在。

1．常见商品包装形式

随着社会的发展科技的进步包装的材料也不断改进，包装材料多样化，包装的形式也各式各样，在日常生活中常见的有：盒式包装、袋式包装、实物包装。

盒式包装：是以硬纸板为材料，按照商品的不同和样式，经过折叠后，胶合成盒子式包装形式，这个包装形式最为普通，如：烟、酒、药品、计算机等等。盒式包装的优点是简洁，少占空间，运输方便，适用于硬物类的包装，如图 10-188 所示。

袋式包装：这类包装主要用于食品等软物类，它的优点是密封式包装，对商品的保护性较好。手提袋也是这个类型中的一种，但不是密封的，如图 10-189 所示。

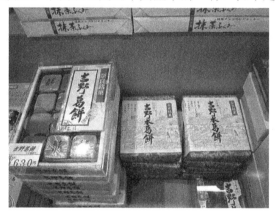

图 10-188　盒式包装

图 10-189　袋式包装

实物包装：指在商品本身的包装，如润肤露、洗发水等产品本身的包装，如图 10-190 所示。

包装材料主要有以下几种。

- 纸张：最普通的包装介质，一般用于产品的说明书或封皮外表包装设计，如 CD 盒等。
- 纸板：用于盒式包装较多。纸板有白板和铜板之分，白板和牛皮纸类的包装较普通，造价也便宜一些，铜板纸张的适合高级商品包装。
- 塑料：它是袋式包装经常用的形式，如饼干等食

图 10-190　实物包装

品的包装。

- 陶瓷：工艺类的包装用的较多，如茅台酒包装。
- 木材：木材工艺性的商品用的也较多，如音箱包装。
- 金属：金属包装用途也很广泛，在礼品和食品中应用较多，如易拉罐等饮料的包装。

2. 产品包装设计的基本构成要素

商品包设计的基本构成要素，应包括以下几个方面。

（1）商标要素

商标作为企业或产品个性化的代言人，可以使商品与商品之间显出差异。当认识到商品的属性，就知道商标在包装设计中的重要性。构成包装设计形态设计的主要设计因素造型、色彩、图形、文字等，不论这些因素在设计过程中如何表现与组合，都不可能回避一个问题，即所有活动都围绕商标展开。因为每一种包装形式在具体表现中，其色彩、造型、文字等都有可能重复或相似。但是，商标在受法律保护的前提下，它的专有属性可以使产品的包装设计与同类品牌相区别。

所以在设计过程中一定要注意商标在包装中的几个基本功能：

- 为新品牌创造一个既体现商品特性又与众不同的商标，它要引起消费者的好感，并且要易认、易记。
- 使原有商标得到改进与更新的能力。
- 在包装设计的整体形式上，确定商品信息传达的能力。

（2）色彩要素

色彩作为激发人们情感的视觉生理现象，在现实生活以及众多学科领域中有着普遍意义。包装设计虽然是通过许多手段与技法所完成的创作活动，但色彩的专有属性，其价值和作用是不可替代的。由于色彩所特有的心理作用，使得设计者在包装装潢的过程应具备对色彩审美价值的直觉判断力和把色彩作为一种视觉与表现技术的能力。虽然，对色彩生理作用的理解有时是抽象的、模糊的，但是，它所产生的色彩情感，可以使消费者对包装产生不同的联想色彩作为一门独立的学科，它有其基本的规律与属性，在此基础上色彩产生的情感因素主要有主观情感和客观情感两部分构成。

（3）图像要素

包装设计时通过商标、色彩、图形、文字及装饰等形成，组合起一个完整的视觉图形来传递商品信息的，从而引导消费者的注意力。设计者借助设计因素所组合的视觉图形，应当以图形的寓意能否表达出消费者对商品理想价值的要求来确定图形的形式。也就是依靠图形烘托感染力。当设计者选择图形的表现手法时，无论采用具象的图形、抽象的符号、夸张的绘画等，都要考虑能否创造一种具有心理联想的心理效果。要做到设计的图形应具备说服力，在图形的素材选择与具体表现时应注意以下几个方面的问题。

- 主题明确。任何产品都有其独特的个性语言、设计前应为其确定一个所要表达的主题定位。它可能是商标，也可能是产品、消费者或有寓意的图形。这样，才可以清晰该商品的本质特征与同类产品相区别。
- 简洁明确。在设计中针对商品主要销售对象的多方面特征和对图形语言的理解来选择表现手段。由于包装本身尺寸的限制，复杂的图像将影响图像的定位。所以，采取以一当十。以少胜多的方法运用图形，便可更加有效的达到视觉信息传递准确的目的。

- 真实可靠。在图形的选择与运用上的手法很多，但关键的问题在于图像不能有任何的欺骗导向。带有误导行为的图像可能会暂时让消费者接受，但不可能长久的的保持消费者的购物行为。只有诚实才能取得信任，信任是产品与消费者沟通的情感基础。
- 独特个性。商品有了独特性才有了市场竞争力，保障有了独特性才能引起消费者的注意。所以，在设计图形的选择与表现过程中，体现图像的原创性语言，使包装设计成功的有力保证。

（4）文字要素

向消费者解释商品内容最为直接的手段就是文字，包装上的文字通常要表现商标名称、商品名称、单位质量与容量、质量说明、用法说明、有关成分说明、注意事项、生产厂家的名称和地址、生产日期和其他文字介绍等。设计者在这方面所要发挥的作用，就是如何使这些说明文字能够有效、准确、清晰地传达出去，从包装设计的基础原则上还要达到易读、易认、易记得要求，一般说来，包装上的文字，除了商标文字以外，其他所有的文字主要本着迅速向消费者解释商品内容的原则来安排和选择字体。文字的字体设计在包装装潢应遵循以下的原则。

- 按文字主次关系有区别的设计。
- 加强推销的重要性，考虑销售地区的语言文字。
- 不应因为文字的识别特性，而忽视其视觉造型的表达能力。
- 美术字与印刷字的区别与运用。
- 文字造型审美性的鉴别能力。
- 服从产品的特性并引起消费者的注意.字体设计在包装装潢中，要求即简明又清晰，同时还要有利于消费者的识别，以及排列、布局、大小、装饰等因素在字体设计中的重要性。

（5）造型要素

由于产品的本身差异，使得包装设计中的造型呈现出多样性。从结构成分与应用范围等方式区别，包装的造型设计（或容器造型设计）必须从生产者、销售者、消费者 3 个不同的角度去理解。包装的设计目的，主要是创造一种特殊的个性，在货架陈列中能突出并能传达商品，但包装结构往往在技术上有几方面的限制，在设计时必须考虑到以下问题。

- 材料的特性。如生产技术、纸张的限制、玻璃、塑料的的可塑性等。
- 装饰生产线，即有怎样的材料设备。
- 封装生产线，即有怎样的封盖设备。
- 标签封帖生产线，即标签封帖的材料和设备。当然还有市场因素，总的来说包装结构设计取决于两个方面，材料设备和市场。

由于造型多指立体设计因素，所以在设计过程中应对不同的体面、主次、虚实等加以分析，体现造型设计（或容器设计）给消费者带来的不同视觉、触觉以及心理感受，造型设计作为包装装潢中的重要组成部分，在体现体自身价值的同时，还要与其他要素相协调。在设计过程中要注意；造型与其他设计要素的主次关系；立体与平面的视觉效果相统一；包装与容器造型的同一性；发挥造型与容器设计独特的立体效果与触觉感受；造型设计要满足产品、运输、展示与消费的要求。

3．结束语

涉及从生产商到消费者之间都必须有最佳的视觉传递能力，设计必须能回答所有消费者愿意提出的信息要求和内容。

设计师信息传达的工具，用最佳的信息传达这种方法会有效的影响其功能。设计不是单纯的为了艺术，而是为了创造更多的销售机会。总之，造型作为包装设计中一组成部分其设计的方法与表现的手段与其他因素不同，将商标、色彩、图形、文字、造型等因素有机的结合到一起，才能创造出一件好的包装作品。